History of the Pearl

1

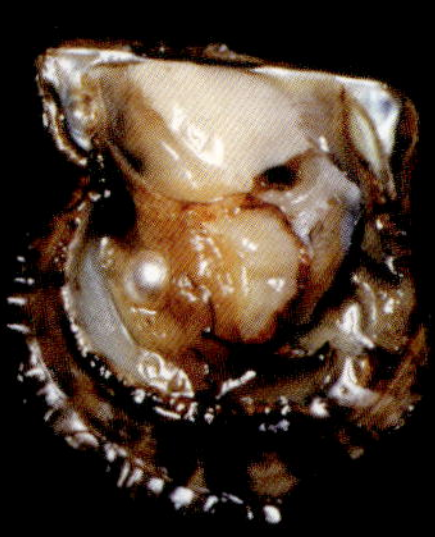

2

アコヤ真珠の輝き

1　日本最古のアコヤ真珠たち　鹿児島県草野貝塚から13個が出土。縄文後期（4500～3300年前）。2ミリ台から5ミリ台。真珠に浮かぶピンク色と青色は最高級の真珠の証（鹿児島市教育委員会蔵、写真提供・鹿児島市立ふるさと考古歴史館）

2　貝を開けたときから、真珠は輝く宝石だった　写真は養殖アコヤ真珠（写真提供・ミキモト真珠島）

大型真珠貝の真珠

3　バロック真珠のペンダント「雄羊」 1590年ごろ。2個のバロック真珠（いびつな真珠）で雄羊が表現されている。母貝はおそらくクロチョウガイ。37×65ミリ（ミキモト真珠島蔵）

4　パナマクロチョウガイのドロップ型真珠　通称「ラペレグリーナ真珠」。16世紀にパナマあたりで発見。図版はメアリーⅠ世の肖像画（部分）（The Bridgeman Art Library/ アフロ）

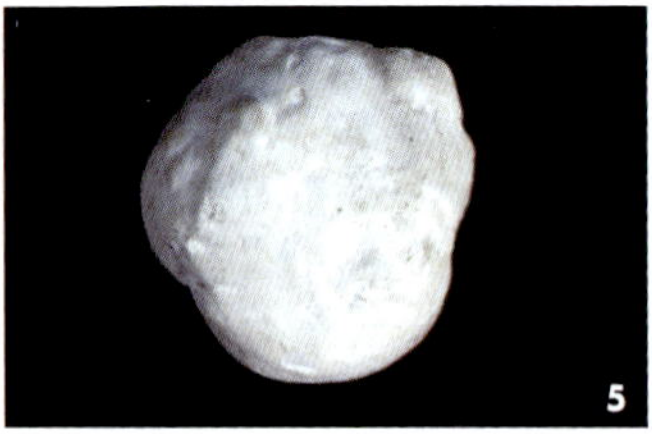

5　世界最古の真珠のひとつ、「鳥浜パール」 福井県鳥浜貝塚から出土。5500年前。世界最古の真珠のひとつ。おそらくドブガイの真珠。長径15.6ミリ（写真提供・福井県立若狭歴史民俗資料館、若狭三方縄文博物館展示）

淡水真珠

6　ミシシッピ川の淡水真珠の菊のブローチ　1904年ごろ、ポールディング・ファーンハム作。ティファニー製（Neil H. Landman et al., *Pearls.*）

アワビ真珠

7　棒状のアワビ真珠のブローチ
1901年、ジョルジュ・フーケ作。アワビ真珠を魚の胴体にしている。165ミリ（フォルツハイム宝飾美術館蔵、写真提供・ユニフォトプレス）

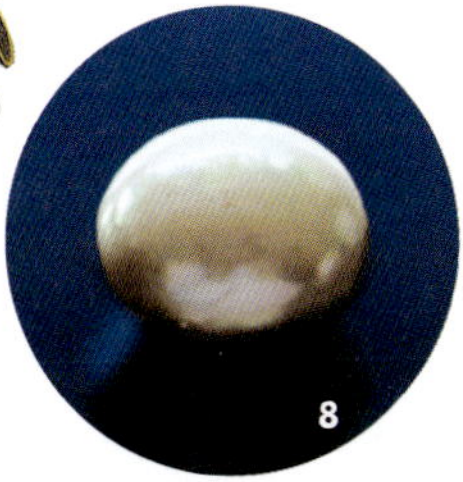

8　江戸時代のアワビ真珠　通称「夜光の真珠」 長崎県大村湾で採取。長径16.2ミリの碁石状（独立行政法人水産総合研究センター・増養殖研究所蔵、『「パール」展』図録）

養殖技術が生み出した新しい真珠

9　色とりどりのクロチョウ真珠　タヒチの養殖クロチョウ真珠は色彩が豊富（写真提供・タヒチパールプロモーション）

10　奄美大島のゴールデンパール　日本の海でもシロチョウガイから金色真珠が作られている（写真提供・奄美サウスシー&マベパール株式会社）

真珠を愛した支配者たち

11　エリザベスⅠ世の「アルマダ・ポートレート」　1588～89年ごろ。鉛色のドロップ型真珠や円形真珠はおそらくパナマクロチョウ真珠（The Bridgeman Art Library/ アフロ）

12　チャールズⅠ世妃ヘンリエッタ・マリアの肖像画　1635年ごろ。透明感のある真珠はおそらくアコヤ真珠（『英国肖像画展』図録）

13　カージャール朝ペルシアのファトフ・アリー・シャーの肖像画　1814年。オリエントでは真珠は王の象徴だった（Abolala Soudavar, *Art of the Persian Courts.*）

口絵デザイン・中央公論新社デザイン室

中公新書 2229

山田篤美著

真珠の世界史

富と野望の五千年

中央公論新社刊

はじめに

古代ギリシアやローマでは真珠は最高の宝石だった。なぜなら丸くて美しいアコヤガイの真珠は、アラビア半島と南インドの海域でしか採れなかったからである。そのため古代ヨーロッパ人は希少な真珠に高い価値を置いてきた。真珠は、コショウや象牙《ぞうげ》、綿織物などと同じように、オリエントを代表する富のひとつだった。

十六世紀の大航海時代になると、新大陸のベネズエラ沿岸部がアコヤガイの真珠の産地であることが明らかになった。スペインはベネズエラの真珠の産地を支配。ポルトガルはアラビアとインドの真珠を手に入れた。こうしてヨーロッパには大真珠ブームが訪れる。十七世紀になると、ダイヤモンドの人気が増していったが、十九世紀後半に南アフリカでダイヤモンドが発見されると、その希少性が減少し、真珠がダイヤモンドよりも貴重になった。

したがって二十世紀はじめの日本の真珠養殖の歴史的意義は、ヨーロッパの支配者階級が二千年にわたって熱望し、カルティエ社やティファニー社が高値で販売していた真珠という宝石の価値と伝統を瓦解《がかい》させたことだった。養殖真珠の登場で、真珠は大量消費時代の大量生産商品になったのだった。

このような劇的なドラマがあったにもかかわらず、ほかならぬ日本人自身がこのことを十分理解してこなかった。というのは、養殖真珠の歴史的意義はヨーロッパの真珠史の文脈で明らかになるが、これまで真珠史そのものが数えるほどしか書かれてこなかったからである。交易品としての真珠の研究は西洋史や世界史では抜け落ちているテーマである。

同じことは古代日本史においても当てはまる。実は日本はアラビア半島、南インド、ベネズエラなどと並ぶアコヤ真珠の一大産地だった。古代の日本人は真珠を中国への朝貢品に使っており、真珠は日本最古の輸出品のひとつだった。しかし、古代日本史では輸出品としての真珠の意義が議論されることはあまりないように思われる。

日本の戦後史についても同様である。太平洋戦争に敗れ、あらゆる物資が欠乏していた日本において、国際社会が喉《のど》から手が出るほど欲し、外貨を稼ぐ救世主となったのが、養殖真珠だった。ディオールのパリモードもハリウッド映画も真珠がなければ様《さま》にならなかった。戦前の輸出の主流であった生糸や茶が売れなくなるなか、養殖真珠はもっとも重要な輸出品のひとつだった。それにもかかわらず、真珠が輸出の花形だったことは、今日では語り継がれなくなっている。

このような状況なので、私たちは歴史における真珠の役割を改めて考える必要があるだろう。したがって、本書の目的は、交易品としての真珠、宝石としての真珠に焦点を当てながら、古今東西の文献を読みなおし、真珠のたどった歴史を明らかにしようとするものである。本書は、ヨーロッパの国々が真珠という富を求めて世界進出していった歴史を紹介すると同時に、そのヨーロッパやアメリカが日本の養殖真珠を排斥しようとしながらも、ついに価値を認め、戦後、日本の養殖真珠に熱狂するようになった過程を明らかにする真珠の世界史である。

本書の構成と概要について簡単に述べておこう。本書は第一章から第六章までの天然真珠時代と、第七章以降の養殖真珠時代の物語に分かれている。

第一章では、天然真珠時代、アコヤ真珠がどれくらいの大きさだったのか、どれくらいの割合で真珠を生み出したのかを見ていこう。さらにアコヤ真珠以外の真珠についても紹介しておこう。実はこの第一章の情報はこれから真珠の世界史を読み解くための重要な鍵《かぎ》となる。本書はこの鍵を使って歴史の扉を開けようとするものである。

第二章では古代日本における真珠の役割を考える。古代日本史の最大の謎《なぞ》はおそらく邪馬《やま》台国《たいこく》の位置論争だろう。この論争に天然真珠の法則を加えると、新たな地平が開けてくるのである。

第三章から第六章までは、ヨーロッパ人がいかにオリエントの真珠や新大陸の真珠に憧《あこが》れたのかを当時の文献から見ていこう。あまり知られていないけれども、二十世紀はじめ、ダイヤモンドのデ・ビアス社が市場を独占したように、世界の真珠を独占する動きも起こっていた。

第七章から第九章までは日本の養殖真珠の快進撃の物語である。御木本幸吉《みきもとこうきち》や見瀬辰平《みせたつへい》という真珠養殖業の功労者たちに焦点を当てた後、その養殖真珠の品質があまりに素晴らしかったため、欧米社会で起こった排斥運動を見ていこう。第九章は日本の養殖真珠が世界を席巻《せっけん》した物語である。戦後、日本は真珠王国となり、世界が日本の真珠にひれ伏す時代が到来したのだった。

ただ、この物語には、残念ながら続きがあった。真珠王国日本が次第に凋落《ちょうらく》していく物語である。今日、真珠養殖は熱帯、亜熱帯の多くの国に広がっており、アコヤガイよりも大型の真珠貝でさまざまな真珠が作り出されるようになっている。日本のアコヤ真珠はあまたある真珠のひとつとなったのである。そのうえ、日本の海では環境悪化が進み、新型赤潮や新型感染症に見舞われてアコヤガイがばたばた死ぬ異常事態も発生した。今日、日本の真珠養殖業は先細りの傾向にある。第十章、第十一章では真珠のグローバリゼーションと真珠のエコロジーの問題をそれぞれ考察することにしよう。

まず最初に、私たちの知らない天然真珠の世界を見てみよう。

目次

第六章　二十世紀はじめの真珠バブル　131

第七章　日本の真珠養殖の始まり　151

真珠の重量と大きさの関係

戦前まで真珠は重量（グレーン、カラット、匁など）で表されてきた。

1グレーン＝0.25カラット＝0.05グラム
4グレーン＝1カラット＝0.2グラム
1匁＝3.75グラム；（重量）1分＝0.375グラム；1厘＝0.0375グラム
注：①このグレーンはパール・グレーンである
②（長さ）1分＝3.03ミリ

4グレーン（0.2グラム）の天然アコヤ真珠 → 直径5.2ミリの真珠
10グレーン（0.5グラム）の天然アコヤ真珠 → 直径7.2ミリの真珠
重量1分（0.375グラム）の養殖アコヤ真珠 → 直径6.3ミリの真珠
重量1厘（0.0375グラム）の養殖アコヤ真珠 → 直径3.0ミリの真珠

（Kunz et al., 1908; Cahn, 1949; 松月，2002を参考に筆者が作成）

第一章　天然真珠の世界

真珠とは何だろう。

真珠は自然が生み出した丸くて美しい奇跡の玉である。

海の底には海藻にまみれた黒くてむくつけき貝がある。海に潜ってその貝を採り、貝を開けると、一ヵ所、強く光っている箇所がある。ぬるぬるした貝の膜のなかからその光るものを取り出すと、それは光沢のある真ん丸の玉であった。玉はうっすらと金色がかった銀白色で、近くで見ると、緑色や青色、強烈なピンク色が浮かび上がる。角度によっては黄緑色も見える。玉は完璧《かんぺき》なまでに丸いため、日がな一日転がっている。

これが真珠であった。正確にいうと、これがアコヤ真珠であった（カラー図版1）。

ダイヤモンドなどの宝石は、カットや研磨など、人の手を加えてようやく輝きを増しはじめる。しかし、真珠は貝を開けたときから強く輝く真ん丸の玉だった（カラー図版2）。古代の人々は貝からそうした玉が出てくれば、驚き、畏敬《いけい》の念をもち、素晴らしいものを見つけた思いで大切にしたはずだった。アラビア半島のオマーンで発見された六〇〇〇～五五〇〇年前の一個の真珠は、死者が右手に握っていたものだった[1]。真珠は人類が発見した最古の宝石のひとつであった。

このように真珠の歴史は古いが、今日では養殖技術の発展によって、私たちは天然真珠の世界がわからなくなっている。この章では、天然真珠がどのようなものだったのかを見ていこう。

真珠はどのようにできるのか

まず天然真珠のでき方を説明しておこう。アコヤガイにしろ、アワビにしろ、ハマグリにしろ、貝は一般に貝殻の内側がすべすべして美しい。

ハマグリの貝殻内面は白い陶器質のような感じだが、アコヤガイやアワビの貝殻内面は光沢のある銀白色やグレー色になっている。角度によってピンクや緑、橙《だいだい》色も浮かび上がる。こうした光沢のある貝殻内面が真珠層と呼ばれるものであり、この真珠層をもつ貝が真珠貝と呼ばれている。つまりアワビも真珠貝になるのである。真珠層の主成分は九三パーセントの炭酸カルシウムと四パーセントのタンパク質で、炭酸カルシウムの結晶（アラゴナイト）とタンパク質（コンキオリン）が交互に重なって真珠層が形成されている。

真珠層は、貝の外套膜《がいとうまく》の外側上皮細胞が作っていく。外套膜は貝の身をマントのようにすっぽり覆う組織であるが、外套膜の外側（貝殻側）の上皮細胞が真珠質を分泌する機能をもっている。外側上皮細胞は何らかの拍子にその一部分が外套膜の結合組織内や貝の体内に入りこむことがあり、その場所で細胞分裂して袋状になることがある。その形で真珠質を分泌しつづけると、真珠質は袋の中できれいな球形となっていく（図版1―1）。これが本書の主役の真珠である。上皮細胞が袋状にならなければ、いびつな真珠質の塊となる。途中で貝殻内面にくっつけば、貝付き真珠となる。いずれにせよ、真珠は貝殻内面の真珠層と同質なので、その光沢や虹色《にじいろ》の輝きが丸い玉に反映されるのである。

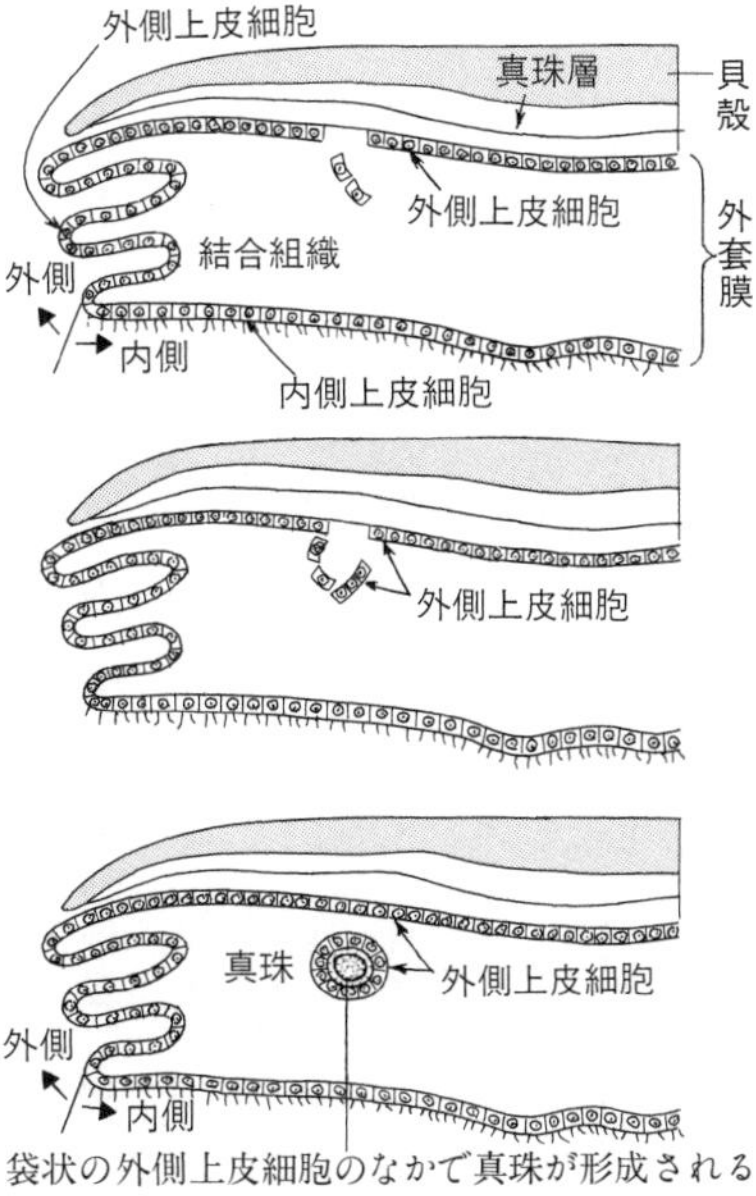

1－1　天然真珠のでき方

読者のなかには、寄生虫や異物への防御反応で真珠ができると考えている人も少なくないだろう。しかし、これは大いなる誤解である。寄生虫が貝に侵入するさいに外套膜の上皮細胞を破り、その一部分を貝の体内に持ちこむために真珠が形成されるのである。

一方、ハマグリなどの真珠貝以外の貝にも外套膜がある。その上皮細胞の一部が貝の体内に入り、細胞分裂で袋状になると、やはり丸い塊を作り出すが、それは真珠質ではないため「貝の玉」あるいは「真珠様物質《しんじゅようぶっしつ》」と呼ばれている。

日本語で牡蠣《かき》と呼ばれるオイスターも真珠貝ではない。しかし、英語では真珠貝はパール・オイスターとかオイスターと呼ばれている。したがって、オイスターという英語があれば、それが牡蠣なのか真珠貝なのか見極めることも重要である。

アコヤガイとその真珠

次にアコヤガイとその真珠について説明しておこう。まず日本のアコヤガイを例にとり、その特徴をおさえた後、世界のアコヤガイとの関連性を見ることにしよう。

アコヤガイはウグイスガイ科に属する真珠貝で、殻高七センチぐらいのホタテガイによく似た貝である。海底の岩礁に足糸《そくし》を出して付着し、貝殻を立てて生活する（図版1―2）。岩などの拠《よ》り所が必要なため、浜辺や潮間帯《ちょうかんたい》には生息しない。そのため海に潜らないと採れない貝だった。海水温に対しても敏感な貝で、最適温度は二三～二五度。一三度以下では冬眠し、二八度を超えると死ぬ貝が増える。このように生息できる条件が限られていたので、まとまった生息地はそれほど多くなかった。日本では英虞湾《あごわん》（三重県）と大村湾《おおむらわん》（長崎県）が天然真珠時代の代表的産地として知られていた。

自然界には多くの真珠貝が存在するが、このアコヤガイこそが、天然真珠時代の真珠貝の王者だった。というのは真珠を生み出す能力や真珠の美しさ、丸さにおいてアコヤガイの右に出る真珠貝はなかったからである。ただ、その真珠は私たちが思うほどに大きくなかったし、真珠が出る割合もそれほど高くはなかった。

英虞湾のアコヤ真珠の大きさや割合については、永井《ながい》龍男《たつお》の『幸吉《こうきち》八方ころがし』に興味深い記述がある。

「一万個の母貝を剝《む》いて、二十五匁《もんめ》のケシが採れればよし、もしその中に、ミンミン蟬《ぜみ》の眼玉ほどの真珠が幾つか混っていれば、これは占めたものである。いわんや、手の平にのせて八方ころびの一粒といい得る真珠にめぐり逢《あ》えば、これは天からの授かり物である」

1－2　海底のアコヤガイの様子　アコヤガイは岩礁に付着して生活する（*The Illustrated London News* 14 May 1921.）

ケシとは直径一〜二ミリ程度のケシ粒のように小さな真珠のことである。一匁が三・七五グラムなので、二五匁は九三・七五グラムとなる。一万個のアコヤガイから一〇〇グラム程度のケシ真珠が採れる勘定である。明治・大正時代の人にとっては、ケシ粒のような真珠でも、ひとつひとつ集める大切な真珠だった。

一方、「ミンミン蟬の眼玉ほどの真珠」については、そういわれても、私た

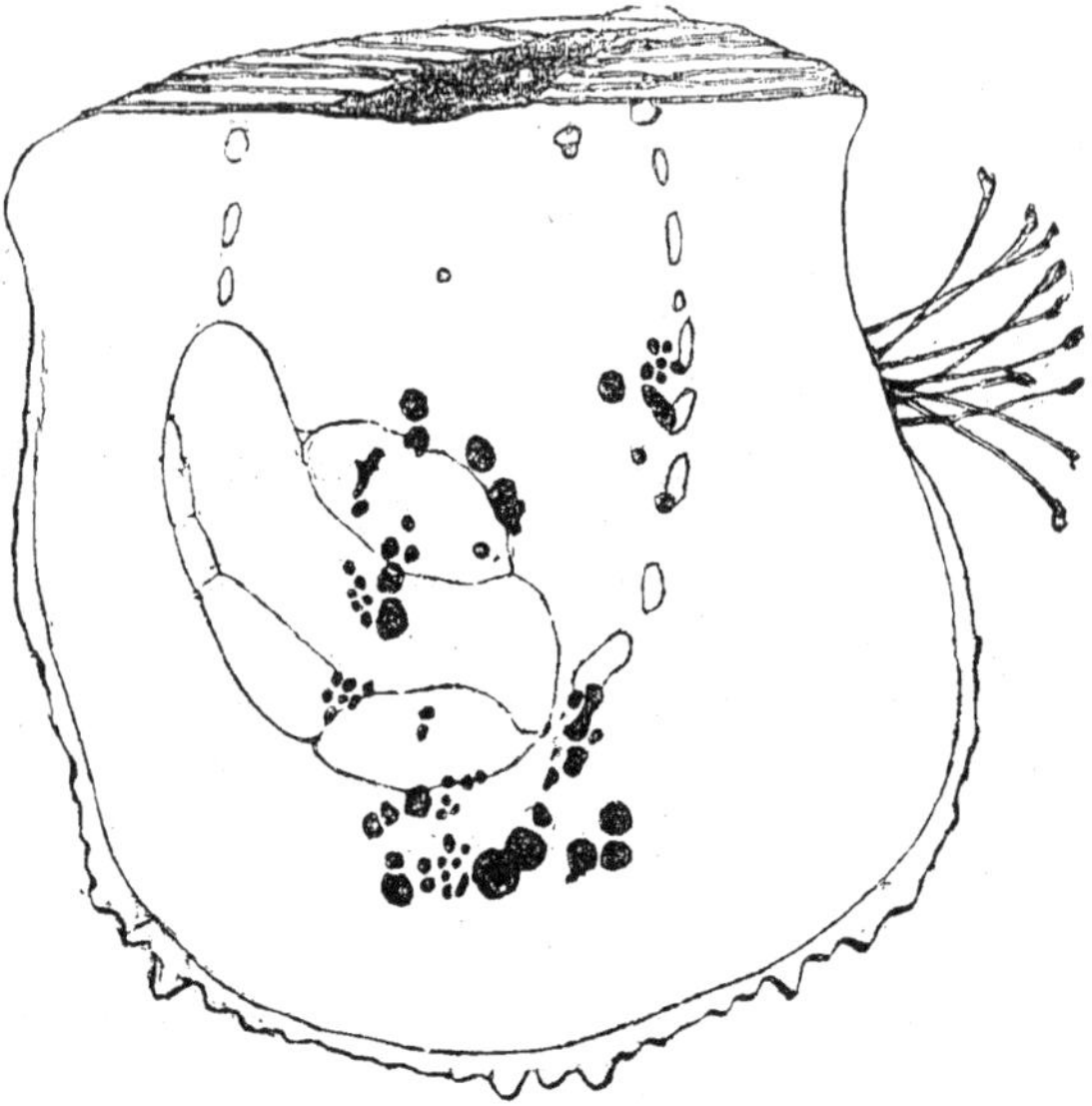

1－3　73個の真珠を含むアコヤガイ（『動物学雑誌』1907年2月号）

ちにはよくわからない。しかし、夏の夕暮れ、路上でミンミンゼミの死《し》骸《がい》を拾い、その眼玉をノギスで測定した『真珠の博物誌』の松月清郎《まつづききよお》によると、三ミリの大きさだそうである。この三ミリの真珠が一万個からいくつか出れば、それは「占めた」ものだった。

それより素晴らしいのが「八方ころびの一粒」だった。文字どおり、四方八方に転がる真ん丸の真珠である。大きさは不明であるが、おそらく直径五ミリ前後の真珠だろうと思われる。これは一万個の貝から一個出るか出ないかの確率だった。

真珠が意外と小さいのに驚くだろう。しかし、それを裏づけるようなイラストも残っている。図版1－3は西川藤吉《にしかわとうきち》という明治時代の真珠研究者が一九〇五年ごろに英虞湾から採取した実寸大のアコヤガイのイラストである。[2]
このアコヤガイは七三個の真珠を含んでいる。とはいうものの、七三個の真珠のほとんどは点のように小さなケシ真珠である。今日の私たちには、これらの真珠が数えられていることが興味深い。一番大きいのは三ミリ程度の丸い真珠でふたつあるが、残念なことにそれらはふたご真珠となっている。たしかに、このイラストを見ていると、天然真珠は大きくないし、「八方ころび」の丸い真珠を得るのも難しそうである。

丸い真珠が採れる割合

もう少し数字を見ておこう。

たとえば一九一二年の三重県水産試験場の報告がある。[3] その報告によると、四万五三三七個のアコヤガイが調査されたが、〇・一四グラム（直径四・七ミリ）以上の真珠が採れたのは七個であった。一万個に換算すると一・五個。四・七ミリ以上の真珠が出てくるのは一万個に一つか二つの勘定となる。

アラビア湾にもアコヤガイがいるが、そのアコヤガイについては、『アラビアの真珠採り』の池ノ上宏の報告がある。[4] それによると、「直径が四ミリ以上あるまともな真珠」は一万個の貝の中に二〜三個あればいいほうであった。

こうした報告や第二章で見る古代日本の真珠の遺物から、筆者は、天然真珠時代、宝石扱いされた典型的なアコヤ真珠の大きさは、直径四～六ミリの大きさで、五ミリ前後が標準だったのではないかと考えている。その五ミリの真珠が出る割合については、海域や各年の条件などによっても異なるため一概にいえないが、本書では一万個につき一・五個と考える。

五ミリの真珠といわれてもピンとこない人には、アジの塩焼きを食べた後に残るアジの白い眼玉をイメージすることをお勧めしよう。筆者は、色といい、形といい、アジの眼玉こそが、天然アコヤ真珠の形状をもっともよく表していると思っている。そう感じるのは筆者だけではなく、古代シュメル人や古代ギリシア人も似たような表現を使っている。

五ミリもある「大粒」真珠が出れば、それは個数で数えられたかもしれなかった。しかし、小粒の真珠やケシ真珠のような細かい真珠はいちいち数えていられないので、多くの場合、まとめて総重量で表された。天然真珠時代には個数で数える美しい真珠と、重さで表す真珠が存在したのである。この違いは第二章で『魏志倭人伝《ぎしわじんでん》』を読むときに重要になってくるので少し記憶しておこう。

世界のアコヤガイ

日本以外にもアコヤガイは存在する。ただ、アコヤガイは生息できる条件が限られているため、まとまった生息地はそれほど多くなかった。古来名高い産地は次の五つだった。

一　アラビア湾（ペルシア湾）と紅海《こうかい》
二　南インドとセイロン島（現スリランカ）の間のマンナール湾
三　南米ベネズエラ沖
四　中国南部（合浦《ごうほ》、雷州《らいしゅう》半島、海南島《かいなんとう》）のトンキン湾とベトナム北東部のハロン湾
五　日本（九州沿岸と三重の英虞湾など）

アラビア湾（ペルシア湾）、南インドとセイロン島、ベネズエラは丸く美しい真珠の産地として、早くからヨーロッパ人が憧れ、進出していった地域であった（図版1―4）。中国南部の真珠や日本の真珠は、ヨーロッパよりもむしろ中国本土の王朝とのかかわりのなかで重要である。

1―4　ベネズエラの真珠商
真珠は重さで計っていた
(Fernando Cervigón, *Las Perlas en la Historia de Venezuela.*)

昭和時代の日本ではアコヤガイは日本の固有種と考えられていた。そのため真珠を生産できるのは世界で日本だけであるという誤った考えが広まっていた。セイロン島やペルシア湾にアコヤガイと似たような貝がいることは知られていたが、同系統の貝だとは考えられていなかった[5]。

しかし、近年のDNA解析で世界のアコヤガイは共通の祖先をもつ近縁種であることが判明しつつある。発生地は東南

アジアの周辺海域らしい。日本のアコヤガイはインドや中国のアコヤガイと遺伝的に同一種であり、黒潮の流れに乗って南の海からはるばる日本までやってきた貝だった。ただ、その黒潮は一万四〇〇〇年前までは今より南を流れていたので、九州以北の日本には到達していなかったと考えられている。(6)

このように世界のアコヤガイは同系統の貝であるが、できる真珠には微妙な地域差があった。インドの真珠は純白で小粒が多く、ペルシア湾の真珠はクリーム色やピンクがかった色で、やや大きめだった。ベネズエラの真珠は透明感が強かった。中国や日本の真珠は白色系統と黄色系統があった。ただ、真珠は本来もっている色素以外に光の干渉などでもピンクや青などが浮かび上がるため、色合いを一概にいうのは難しい。それが真珠の美しさであり、魅力でもある。

意外なことであるが、世界のアコヤガイの分類はまさに昨今始まったばかりなので、学名は正式に定まっていない。そうしたなか、日本貝類学会などが提唱する学名は次のとおりである。なお、和名も定まっていないため、本書では便宜上次のように使用する。(7)

ベネズエラアコヤガイ　*Pinctada imbricata*

アラビア湾アコヤガイ（ペルシア湾アコヤガイ）　*Pinctada radiata*

インドアコヤガイ（セイロン島アコヤガイ）　*Pinctada fucata*

中国アコヤガイ　*Pinctada fucata*
（日本の）アコヤガイ　*Pinctada fucata*

世界の真珠貝

世界にはアコヤガイ以外の真珠貝も存在する。アコヤガイは暖かい海を好むが、寒冷の海にすむ真珠貝もある。海の真珠貝ばかりでなく、川や湖沼に生息する淡水真珠貝もある。つまり真珠貝はいたるところに存在し、あまりに多すぎて、分類できていないのが実情である。ただ、多くの真珠貝は真珠をたまにしか生み出さず、真珠ができても鑑賞に堪えないものが多く、アコヤガイほどの重要性をもたなかった。そうしたなか、いくつかの真珠貝が人類とかかわってきた。本書ではそうした真珠貝を次の四つに分類する（図版1－5）。

一　アコヤガイ・グループ
二　クロチョウガイ、シロチョウガイの大型真珠貝
三　淡水真珠貝
四　イガイとアワビ

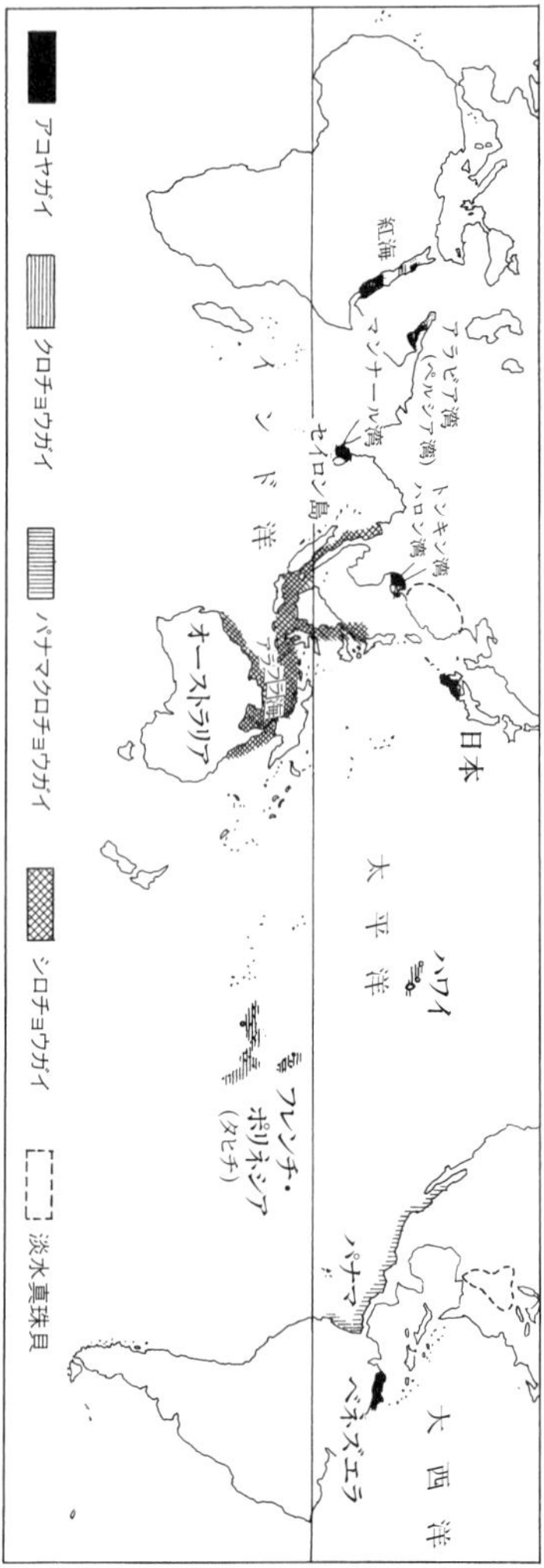

1－5　天然真珠時代の名高い真珠と真珠貝の産地

クロチョウガイとシロチョウガイ

クロチョウガイとシロチョウガイは、アコヤガイと同じウグイスガイ科に属する熱帯・亜熱帯産の大型真珠貝である。アコヤガイとは対照的な貝で、真珠は滅多に産み出さなかったが、できた真珠はかなりの大粒真珠となった。

まずクロチョウガイ（*Pinctada margaritifera*）について見ておこう。この貝は殻高二〇センチ前後の大型の貝で、真珠層の周縁部分が黒くなっているのが特徴である。真珠は真珠層の色彩を反映するが、天然の世界ではクロチョウガイの真珠は漆黒よりもグレー色や鉛色、銀白色の真珠になることが多かった。形はいびつなバロック真珠が多かったが（カラー図版3）、それでも一〇ミリを超えるような球形真珠やドロップ型真珠が時々出ることがあった（図版1－6およびカラー図版4）。真珠を生み出す割合は低く、大浜英祐《おおはまえいゆう》の『黒真珠物語』によれば、四〇万個に一個の割合だった。[8]

貝の分布はきわめて広く、紅海とアラビア湾が古来有名だったが、沖縄や南九州、タヒチやハワイなどの太平洋にも生息した。パナマにはパナマクロチョウガイ（*Pinctada mazatlanica*）が生息していた。クロチョウガイはアコヤガイより深い海域にすむ。そのため、天然真珠時代は海面に浮かぶ貝や浜辺に打ち上げられた死貝から真珠を集めることもあった。[9]潜って採る場合も多く、図版1－7は南太平洋でのクロチョウガイ採取のイラストである。

1－6　パナマクロチョウガイのドロップ型真珠　通称「ラペレグリーナ真珠」（Hubert Bari et al., *Pearls.*）

一方、シロチョウガイ（*Pinctada maxima*）は世界最大の真珠貝である。殻高が三〇センチに達するものも存在する。二〇センチぐらいの貝の重さは八〇〇グラムあった（アコヤガイは四〇グラム）。しかし、真珠はクロチョウガイよりもさらに採れ

1－7　ポリネシアのクロチョウガイ採取を描いたイラスト
(*The National Geographic Magazine* Sep. 1938.)

ない貝だった。ただ、シロチョウガイの真珠層は分厚くなめらかで、美しい銀白色をしているため、工芸品や螺鈿《らでん》細工に最適だった。そのため貝殻が目的で追い求められた貝となった。オーストラリア、フィリピン、インドネシア、ミャンマーなど、限られた海域にしか生息せず、水深一三〇メートルに達するような深い海にも生息する。

淡水真珠

アコヤガイやクロチョウガイ、シロチョウガイのウグイスガイ科の貝の真珠は光沢があって美しかったが、主に南の海が生息地で、しかも海に潜らないと採れないため、太古の時代、その真珠は特定の地域だけで愛好されてきた。

こうした海の真珠の補完財となったのが淡水真珠だった。というのは淡水真珠貝は水のあるところなら昔はどこにでもいたといっても過言ではなく、熱帯でも寒帯でも、各地の川や湖沼に生息した。あまりに種類が多いため、多くの貝がいまだに分類も命名もされていない。ヨーロッパではイギリスやドイツの河川にカワシンジュガイ科の貝が生息していた。中国の長江《ちょうこう》とアメリカのミシシッピ川はイシガイ科の真珠貝の二大生息地だった（カラー図版6）。日本にはドブガイ、カラスガイ、イケチョウガイなどのイシガイ科の貝がおり、北海道や東北にはカワシンジュガイ科の貝が生息した。

淡水真珠貝の真珠は、でこぼこした真珠や皺《しわ》の多い真珠、細長い真珠などが多く、海の真珠にくらべて光沢が劣っていた。そのため淡水真珠は二流品の扱いだった。それでも時折、球形真珠や一〇ミリを超えるような大粒真珠を生み出したため、海の真珠が採れないところでは淡水真珠が愛用された。

日本でも淡水真珠は、太古の時代より珍重されてきた。古代の貝塚や遺跡からでこぼこした一〇ミリ前後の大粒真珠が単発で出てくることがあるが、そういう場合は淡水真珠であることが多い。カラー図版5は、縄文前期（五五〇〇年前）の鳥浜貝塚《とりはまかいづか》（福井県若狭町《わかさ》）から出土したおそらくドブガイの淡水真珠で、「鳥浜パール」と呼ばれている。日本ばかりか世界でも最古に属する真珠のひとつである。万葉歌人の柿本人麻呂《かきのもとのひとまろ》は琵琶湖《びわこ》の淡水真珠を詠んでいる。「近江《おうみ》の海しづく白玉知らずして恋せしよりは今こそ増《ま》され（二四四五）」。淡水真珠は古くから人とかかわった真珠だった。

イガイとアワビの真珠も日本では重要だった

イガイは寒冷の海にも生息する真珠貝で、岐阜県の地層からは一八五〇万年前のイガイのケシ真珠の化石が発見されている。(10) アコヤガイは一万四〇〇〇年前ごろに日本に来るようになった新しい貝だったが、イガイは一八五〇万年前から日本近海にいる古参の真珠貝だった。

イガイの仲間にはムール貝（ムラサキイガイ）がある。ムール貝の貝殻内面を想像するとわかるように、青黒い真珠層のため、真珠は黒みを帯びることが多かった。江戸時代の文献には尾張《おわり》真珠という言葉が出てくるが、イガイの真珠やアサリ、ハマグリの貝の玉のことだった。

古代日本史ではアワビ真珠も欠かせない。アワビが真珠貝であることはすでに述べたが、貝殻がひとつしかなくても、やはり真珠を作り出す。棒状や角状の真珠となることが多かったが（カラー図版7）、丸い真珠も生み出した。真珠の色彩は、アワビの貝殻内面を想像すればわかるように、グレーや青、緑が混じる美しいものとなった。カラー図版8は江戸時代に長崎の大村湾で採取された「夜光の真珠」という美しいアワビ真珠である。

七一二年成立の『古事記《こじき》』には「斯良多麻《しらたま》」という言葉が登場し、七二〇年の『日本書紀《にほんしょき》』には「蝮波寐之羅陀魔《あわびしらたま》」と「真珠《しらたま》」という言葉が登場する。「あこやだま」という言葉が使われたのは意外と遅く、十世紀後半の『古今和歌六帖《こきんわかろくじょう》』である。

話をアワビに戻すと、「真珠」の語彙《ごい》を最初に使ったのは『日本書紀』だったが、それは淡路島《あわじしま》の海底にいた、手でかかえるような大アワビから出た桃の実のようなアワビ真珠のことだった。(11)

一方、七世紀に中国で書かれた『隋書《ずいしょ》』には次のような記述がある。「(倭国《わこく》には)如意宝珠《にょいほうじゅ》がある。その色青く、大きさは鶏卵のごとし。夜はすなわち光あり、魚の眼精なりという」(12)。筆者はこの如意宝珠はアワビ真珠ではないかと思っている。

古代日本人は早くから海に潜って真珠を採っていた。しかし、その真珠文化には謎も少なくないのである。真珠の世界史はまず日本から始めよう。

第二章　古代日本の真珠ミステリー

アコヤガイは縄文時代の人々にとって馴染《なじ》みのある貝ではなかった。

縄文時代の貝塚は全国で二千以上見つかっているが、アコヤガイが出土する貝塚はきわめて少ない。しかも、そのほとんどが九州地区に集中している。このことは、太古の時代、九州地区を除く日本各地では、アコヤガイもアコヤ真珠も一般的ではなかったことを示している。

そうした状況にもかかわらず、三世紀になると真珠は日本の特産品となっていた。当時書かれた『魏志倭人伝』が倭の真珠について語り、五世紀成立の『後漢書《ごかんじょ》』も倭の白珠に言及している。

いったい、いつから日本では真珠が採取されるようになったのだろうか。この章では古代日本の真珠の謎を考察し、その後、日本最古の輸出品になった真珠の役割を見ていこう。

アコヤガイが出土した貝塚

アコヤガイは真珠貝の王者である。アワビやイガイ、淡水真珠貝も真珠を生み出したが、(1)真珠の含有率の高さや真珠の美しさにおいてアコヤガイに匹敵する貝は存在しなかった。そのため日本の真珠文化の発祥を考えるには、どこにアコヤガイが生息していたのかをまず理解しておく必要がある。

日本の貝塚はあまりに多く、正確にはいえないが、筆者が専門書(2)や国・県の博物館、各県の埋蔵文化財センターなどへの聞き取りで調べたかぎり、アコヤガイが出土した貝塚の分布は次のとおりである(3)（沖縄を除く）。

長崎県　三
鹿児島県　七
熊本県　一
愛媛県　一

計一二で、意外と少ないのに驚くだろう。アコヤガイは縄文草創期のころに黒潮や対馬《つしま》海流に乗って日本に到達しはじめた新参者だからかもしれない。それに潜る文化がないと、そう簡単には得られない貝だった。そうしたなかでもっとも初期のアコヤガイが出土している

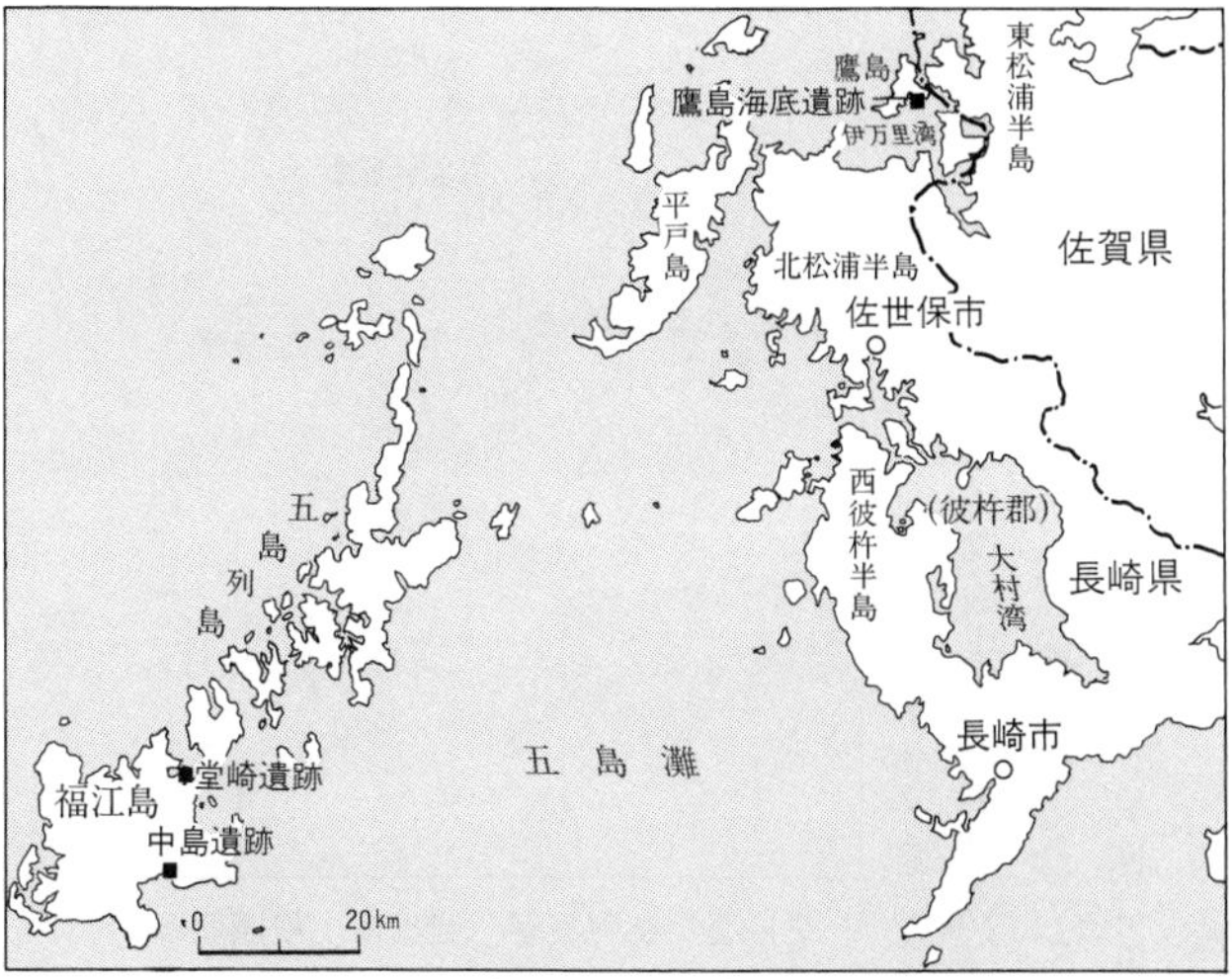

2－1　長崎県の鷹島海底遺跡、堂崎遺跡、中島遺跡

のが長崎県である。縄文早期（七〇〇〇年以前）の鷹島《たかしま》海底遺跡と縄文前期（五五〇〇〇年以前）の堂崎《どうざき》遺跡、それに縄文後期・晩期の中島《なかしま》遺跡がある（図版2―1）。

鷹島海底遺跡は北松浦《きたまつうら》半島と東松浦《ひがしまつうら》半島が囲む伊万里《いまり》湾の鷹島にある。これらのふたつの半島は、邪馬台国の時代、末《まつ》盧国《らこく》があったと考えられている地域であるが、その海にはすでに七〇〇〇年前にはアコヤガイが生息していた。

一方、堂崎遺跡と中島遺跡は五島《ごとう》列島の福江島《ふくえじま》にある。長崎県の遺跡からは真珠は出土していないようである。

草野貝塚の日本最古のアコヤ真珠

大量のアコヤガイとアコヤ真珠の出土

できわめて重要なのが鹿児島湾である。鹿児島湾の沿岸にはアコヤガイが出土した縄文後期（四五〇〇～三三〇〇年前）の貝塚が三つある（図版2－2）。

2－2　草野貝塚、武貝塚、柊原貝塚

草野《くさの》貝塚　（鹿児島湾西岸）
武《たけ》貝塚　（鹿児島湾中央部の桜島《さくらじま》）
柊原《くぬぎばる》　貝塚　（鹿児島湾東岸）

鹿児島湾の西岸から東岸までアコヤガイが出土しているので、当時、鹿児島湾には広くアコヤガイが生息していたことがうかがえる。

草野貝塚からはおそらく日本最古のアコヤ真珠が発見されている。球形真珠が八個で、貝付き真珠が五個（カラー図版1）。球形真珠は二ミリ台から五ミリ台で、そのひとつは二・七×二・七×二・六ミリの驚異の真円となっている。[4] これらの真珠に見えるピンクや青の色彩は最高級の真珠の証《あかし》であり、アコヤ真珠は太古の時代から驚くほど丸くて美しかったことを示している。

世界においても数千年前のアコヤ真珠はほとんど実存例がない。イラクやイランの遺跡からは「いくつかの本物の真珠」（おそらくアコヤ真珠）が出土したという発掘報告はあるが、今日では詳細不明である。貝付き真珠はほとんど報告例がない。草野貝塚の真珠は世界的に見ても、きわめて貴重な遺物なのである。

しかし、これまでこうした真珠は食料としたアコヤガイの食べかすのなかに含まれていたと考えられてきた。食べかすなのか、真珠採取によって意図的に集められた真珠なのかは、次に柊原貝塚を検証した後で再び考えることにしよう。

柊原貝塚はアコヤガイのモニュメント?

柊原貝塚は鹿児島湾の東岸にある。この貝塚は通年の定住集落ではなく、季節性の集落だった可能性が高いと考えられているが、その目的は不明である。現在は埋め戻されているが、調査で明らかになった柊原貝塚の特徴は次のとおりだった。

九三〇平方メートルの大きな敷地の上に四～五メートルの貝層などが積み上がった巨大なもので、貝層はアコヤガイ層と魚骨層、モクハチアオイガイ層の三つが交互に繰り返されていた。つまり、この貝塚ではアコヤガイが敷地一面に敷き詰められた層が何度か現れるという構造になっていた。その量はあまりに多いため、どれくらいあるかは不明である。

出土するアコヤガイは殻長五センチ程度の個体が多いが、そのほとんどが破砕され、殻の表面はすべて剝離《はくり》していた。アコヤガイ層ではアコヤガイ以外の貝の出土は少なかった。この貝塚から真珠もいくつか発見されたが、現在は行方不明である。

一方、アコヤガイとともに出土するモクハチアオイガイは、食用には向かない三センチ弱の白い貝であるが、この貝もその多くが、表面が磨滅し、殻頂は破損していた。死貝も多く含まれていた。

柊原貝塚の貝の調査を担当した黒住耐二《くろずみたいじ》は、アコヤガイの集中的採取や加工場的側面があることから、アコヤガイは真珠発見のために採取された可能性を指摘した(5)。さらに黒住は、柊原貝塚は二義的ながらも、アコヤガイの真珠光沢や白色のモクハチアオイガイを使って塚を作るという意図もあったのではないかと考察している。

一方、柊原貝塚の報告書の総括者は、真珠の個体数が少なすぎるため、真珠採取には否定的な見解で、塚形成の意義を重視している。今日では柊原貝塚は真珠光沢のある祭壇だったと見なされている。

柊原貝塚はアコヤ真珠の採取地だった

この柊原貝塚を世界の真珠文化のなかで考えてみよう。

アラビア湾のバハレーン島は古来、真珠の産地として名高いが、そこでは二〇〇メートル×一〇〇メートルの敷地に〇・九メートルのアコヤガイ層からなるラース・ジャザーイル貝塚が発見されている。アラビア湾は貝の種類が多いが、この貝塚は出土する貝のほとんどがアラビア湾アコヤガイ（*Pinctada radiata*）である。貝塚はおよそ四〇〇〇年前のもので、真珠は発見されていないようである。『古代のアラビア湾』の著者D・T・ポッツは、「（この貝塚の特徴によって）真珠は……すでに前二〇〇〇年紀初期にアラビア湾で採取されていたと論理的に議論できる」と語っている。(6)

一方、十三世紀の中国の書物『諸蕃志《しょばんし》』には真珠の取り出し方についての記述がある。「地面に穴を掘り採取した珠母（真珠貝）を埋めておき、一月余りして珠母の殻が腐ると真珠を取り出し、選別して採取者と均等に分ける」（藤善真澄訳）と記している。

世界では真珠採取の人々は一年中海に潜っているわけではなかった。海水の温かくなる夏や季節風のやむ時期など、一年のうち一～二ヵ月間、真珠採取が行われていた。

柊原貝塚は季節性集落と推測され、アコヤガイは一年の一定の期間に集められたこと、その間、他種の貝は出土しないこと、（土に埋められたかもしれない）表面が剝離したアコヤガイや（貝を開けるためにたたいて割られたかもしれない）破砕されたアコヤガイが大量に出ていることなどを勘案すると、アコヤガイは食料というよりも真珠採取のために集められていた可能性がきわめて高い。大量のアコヤガイの割に真珠の出土が少ないということは、むしろ真珠は意図的に持ち去られたことを示している。

モクハチアオイガイについても、死貝が集められ、貝殻が磨滅し、殻頂が破損していることとを考えれば、この貝もたたいて割られ、「貝の珠」が集められていた可能性がある。四〜五メートルの高さがある柊原貝塚は、中身の確認が済んだアコヤガイを捨てるゴミ捨て場だったのかもしれないし、真珠光沢のある祭壇として使われたのかもしれない。いずれにせよ、柊原貝塚は、黒住の指摘のように、真珠採りの文化があったという視点で考察するべきだろう。

一方、草野貝塚は定住性の集落だったが、この貝塚からも表面が磨滅したアコヤガイやモクハチアオイガイが多数出土しており、出土状況は柊原貝塚と共通している。柊原貝塚を真珠採取地と考えるならば、草野貝塚の真珠も食料用のアコヤガイから偶然出たものではなく、むしろ真珠を集める意図をもって集められた真珠と考えるのが妥当だろう。

日本はこれから真珠王国になっていくが、草野貝塚の真珠も柊原貝塚の存在も、その開闢《かいびゃく》を告げる重要なもので、真珠の世界史において広く認知されるべきものだろう。

四〇〇〇〜三〇〇〇年前に海人がいたのか？

柊原貝塚と草野貝塚の大量のアコヤガイは、実は私たちにもうひとつのことを示唆してくれる。それは海人《あま》がいたのかということである。

アコヤガイというのは浜辺や潮間帯で拾える貝ではなく、海に潜らないと採れない貝である。ただ、海に潜るというのはそれほど簡単なことではなく、世界では真珠採取を専門とする民族集団が存在していることも少なくなかった。[7] 柊原貝塚と草野貝塚の大量のアコヤガイを考えれば、太古の鹿児島にも海人がいた可能性がある。草野貝塚からは軽石製の独歩舟の模型も出土しているので、彼らは舟で鹿児島湾にこぎ出し、そこで道具を使ったり、海に潜って、アコヤガイを集めていたのかもしれない。

太古の鹿児島に住む人々は隼人《はやと》と呼ばれていた。その隼人は海人族であった。民俗学者の谷川健一《たにがわけんいち》は『古代海人の世界』のなかで、隼人に代表される南九州の海人集団が全国に広がっていったのではないかと推論している。八世紀の『肥《ひ》前《ぜん》国風土記』には、五島列島の福江島の白水郎《あま》は容貌《ようぼう》が隼人に似ていると記されているが、その福江島の堂崎遺跡と中島遺跡からもアコヤガイが出土している。

アコヤガイが出土する貝塚を考えたとき、そのアコヤガイを海に潜って採取する海人たちの存在も見えてくる。両者は意外と関係が深そうである。九州には早くも数千年前に海人がいたのかもしれなかった。

『魏志倭人伝』の真珠

縄文時代が終わって三世紀になると、日本は真珠の産地として中国に知られるようになっていた。日本の真珠について最初に述べたのが『魏志倭人伝』である。

『魏志倭人伝』は、三世紀の陳寿《ちんじゅ》が書いた歴史書『三国志』の「魏志」の最終巻（第三〇巻）の「烏《う》丸《がん》鮮《せん》卑《ぴ》東《とう》夷《い》伝《でん》」のなかの「倭人」の記述のことである。平たくいえば、中国王朝の正史の隅っこに押しこまれた約二千文字の内容が、一般に『魏志倭人伝』と呼ばれている。卑弥呼《ひみこ》や邪馬台国に言及した歴史的記述で、日本人ならだれもが知っている中国の典籍の一部といえるだろう。

その『魏志倭人伝』に「真珠」、それに真珠と同じ意味だと思われる「白珠」という語彙は合計三回登場する。

一番目の記述では「（倭の地は）真珠と青玉を出だす」と書かれている。『魏志倭人伝』は「倭人は帯方《たいほう》の東南大海のなかにあり」という名高い一文で始まり、倭の方角や行程、倭の国々について語った後、さまざまな特産物を列挙しはじめるが、その冒頭が「真珠と青玉を出だす」となっている（図版2―3）。その後、「丹砂（朱色の水銀化合物）がある……獮猴（オオザル）と黒雉がいる」などと続いていく。

二番目の記述では、魏の皇帝が卑弥呼に真珠五〇斤を与えたと書かれている。「斤」とは重さの単位で、魏の一斤は約二二三グラム。[8] 五〇斤だと約一一キロになる。魏の皇帝が卑弥呼に真珠を与えた経緯は次のとおりである。

卑弥呼は景初《けいしょ》二年（西暦二三八年）、難升米という大夫を魏の都に派遣して、男の生口（奴隷のこと）四人と女の生口六人、斑織《まだらお》りの布を二匹二丈献上した。このささやかな朝貢品を魏の皇帝はことのほか喜び、卑弥呼を「親魏倭王」となし、金印と紫綬《しじゅ》を与え、次のような下賜品を与えた。そのことが『魏志倭人伝』では皇帝自身の言葉で記されている。「汝《なんじ》にはとくに、紺地の句文錦を三匹、細班華の罽《けい》（毛織物）を五張、白絹五十匹、金八両、五尺刀を二口、銅鏡百枚、真珠と鉛丹をそれぞれ五十斤下賜する……それらをことごとく汝の国中の人に示し、わが国家が汝をいつくしんでいることを知らしめるがよい。ゆえに鄭《てい》重《ちょう》に汝によき物を下賜するのである」

魏の皇帝から下賜された銅鏡一〇〇枚は「三角縁神獣鏡」であるという説をめぐって古代史研究家の間で激しい論争があるが、卑弥呼は銅鏡一〇〇枚と一緒に真珠五〇斤も賜っていたのである。

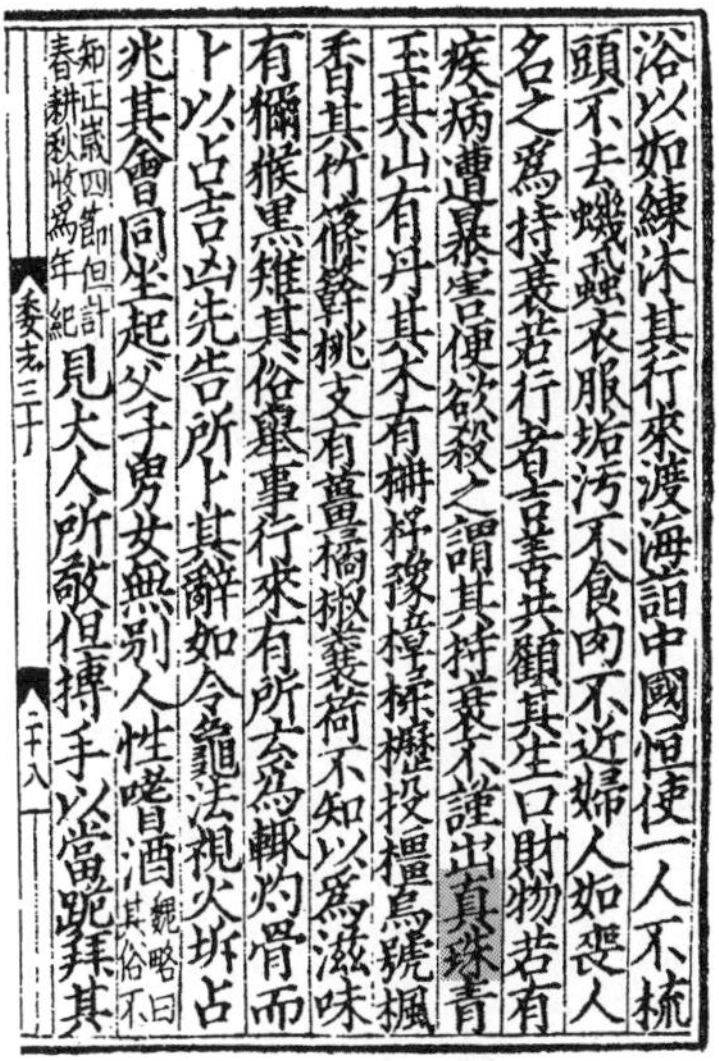
浴以如練沐其行來渡海詣中國恒使一人不梳
頭不去蟣蝨衣服垢汚不食肉不近婦人如喪人
名之為持衰若行者吉善共顧其生口財物若有
疾病遭暴害便欲殺之謂其持衰不謹出真珠青
玉其山有丹其木有柟杼豫樟楺櫪投橿烏號楓
香其竹篠簳桃支有薑橘椒蘘荷不知以為滋味
有獮猴黒雉其俗舉事行來有所云為輒灼骨而
卜以占吉凶先告所卜其辭如令龜法視火坼占
兆其會同坐起父子男女無別人性嗜酒魏略曰其俗不
知正歳四節但計春耕秋收為年紀見大人所敬但搏手以當跪拜其
倭志三十　二十八

2－3　『魏志倭人伝』（部分）

『魏志倭人伝』に登場する三番目の記述は、卑弥呼の後を継いだ壱与《いよ》が使節を中国に送り、白珠五〇〇〇孔を献上したというものである。

その様子を『魏志倭人伝』は「（使節は）台（朝廷のこと）に詣《まい》り、男女の生口三十人を献上し、白珠五千孔、青大句珠二枚、異文（異国の文様）の雑錦二十匹を貢ぐ」と述べている。この文章をもって『魏志倭人伝』は終わっている。

邪馬台国の真珠をどう解釈するか

以上が真珠に関する『魏志倭人伝』の記述である。卑弥呼が下賜された真珠五〇斤や壱与が献上した白珠五〇〇〇孔についてさまざまな解釈がなされてきた。

まず「真珠五十斤」であるが、中国は真珠を産しないので、「真珠」ではなくて赤色原料の「真朱《まそお》」の誤記であるという説がある。しかし、中国の川や湖沼からは淡水真珠が採れていた。淡水真珠は小粒真珠やケシ真珠、でこぼこした大粒真珠が多く、衣服に刺繍《ししゅう》されたり、冠の飾りやかんざしなどとして使われた。そうした真珠は重さで計られていた。魏の皇帝から倭の女王への贈答品としてはふさわしく、「真珠五十斤」は文面どおり真珠一一キロと考えていいのではないだろうか。

一方、壱与の献上品は中国語では「白珠五千孔青大句珠二枚」と書かれている。「孔」という序数詞はあまり見ないため「白珠五千・孔青大句珠二枚」と考える説や、白珠五〇〇〇個は多すぎるので「白珠五十」の誤記であるという説などがある。

しかし、中国の『冊府元亀《さっぷげんき》』という書物にはペルシアが献上した「無(舞)孔真珠」という表現があるので[9]、「白珠五千孔」は、孔を開け、あるいは糸通しした真珠が五〇〇〇個だったのではないだろうか。真珠は重さではなく、数で記されているので、素晴らしい品質の真珠だったはずである。丸く美しいアコヤ真珠と考えるべきだろう。「青大句珠二枚」は青緑のメノウや翡翠《ひすい》などの大きな勾玉《まがたま》を指すと思われる。ただし、アワビの棒状の大粒真珠だった可能性も捨てきれない。

『魏志倭人伝』の解釈には諸説あるが、本書では、魏の皇帝は卑弥呼に淡水真珠を一一キロ下賜し、卑弥呼の後を継いだ壱与はアコヤ真珠五〇〇〇個を献上したと考えよう。

「白珠五千孔」の考察

では、なぜ壱与は突然真珠五〇〇〇個を献上したのだろうか。

卑弥呼は魏の皇帝から重さで計る淡水真珠を下賜された後も、奴隷、倭の錦や白絹、丹砂などを献上しているが、そのなかに真珠は入っていない。おそらく卑弥呼は真珠が中国で好まれることを十分認識していなかったか、真珠の産地を版図にもっていなかったかのどちらかだろう。

しかし、壱与は真珠を献上した。ちょうどその時期に来日していた中国人官吏の張政《ちょうせい》がアコヤ真珠を見て助言したのかもしれないし、壱与の時代に真珠の産地が版図に組み入れられたのかもしれなかった。

天然真珠の世界ではアコヤガイは一万個で一個か二個の丸く美しい真珠を生み出した。五〇〇〇個の真珠を集めるには二五〇〇万〜五〇〇〇万個の貝が必要になる。つまり、それだけの数のアコヤガイがおり、アコヤガイを採取できる海人がいる地域が壱与の王国、あるいは壱与の王国に属する地方政権の版図となる。

ところで、アコヤガイが生息するセイロン島のマンナール湾では、一九〇〇年代はじめ、ひとりの潜水夫が採る貝は一日一〇〇〇個と見なされていた。(10) もし壱与の王国がアコヤガイの産地を擁し、二〇〇〇人の海人をかかえていれば、五〇〇〇万個のアコヤガイ採取は二十五日で達成される数字だった。

『魏志倭人伝』には海に潜る様子を記した記述がある。倭人の国のひとつ末盧国の説明では「(人々は) 魚と鰒《あわび》を捕らえることを好み、水は深浅となく、皆、沈没してこれを取る」と述べ、別の箇所には「倭の水人、好んで沈没して魚や蛤《はまぐり》を捕らえる」という一文がある。「沈没」という言葉が使われていることから、船から飛びこんだ感じがある。末盧国は東松浦半島を拠点にした王国であったが、その西方の鷹島海底遺跡からアコヤガイが出土しているので、末盧国の人もアコヤガイを採っていたかもしれない。『魏志倭人伝』の著者の陳寿は真珠を倭の特産物の筆頭に挙げている。末盧国の人々や倭の水人に焦点を当てることで、真珠がどこでどのように採れるのかについてもきちんと説明していると思われる。

『魏志倭人伝』には「有無するところ (特産物) は儋耳《たんじ》・朱崖《しゅがい》と同じ」という記述もある。儋耳・朱崖は中国南部の海南島のことで、古来名高いアコヤ真珠の産地だった。真珠の観点から見ると、『魏志倭人伝』の文章には一貫性が見受けられる。

陳寿にとって倭の地は、多くの海人が船から海に飛びこんで真珠を採っている地域であった。末盧国はそのひとつであったが、『魏志倭人伝』は邪馬台国をそうした漁撈《ぎょろう》活動を営む集団や国を傘下に置く連合国家の頂点と見なしている。

今日、邪馬台国論争では畿内《きない》説が有力になりつつある。しかし、『魏志倭人伝』のいう「帯方の東南大海」に真珠採りの船を浮かべると、農耕社会の奈良盆地はあまりに遠いようにも感じられる。

なお、読者も関心があると思われる次の遺跡からの真珠の出土状況も記しておこう。

奈良県纏向《まきむく》遺跡　出土せず　(桜井市纏向学研究センターによる)
佐賀県吉野《よしの》ヶ里《がり》遺跡　出土せず　(佐賀県教育庁文化課吉野ヶ里遺跡担当による)

真珠は倭国の特産品になった

『魏志倭人伝』、すなわち正式名称『三国志』は、三世紀に書かれた中国の正史である。その書物で倭の地は「真珠と青玉を出だす」と紹介された。以来、中国の正史でその文言は繰り返されることになった。

たとえば五世紀前半に成立した『後漢書』は「白珠と青玉を出だす。その山に丹土あり」と記している。七世紀前半の『梁書《りょうしょ》』は「黒雉、真珠、青玉を出だす」と述べ（図版2－4）、

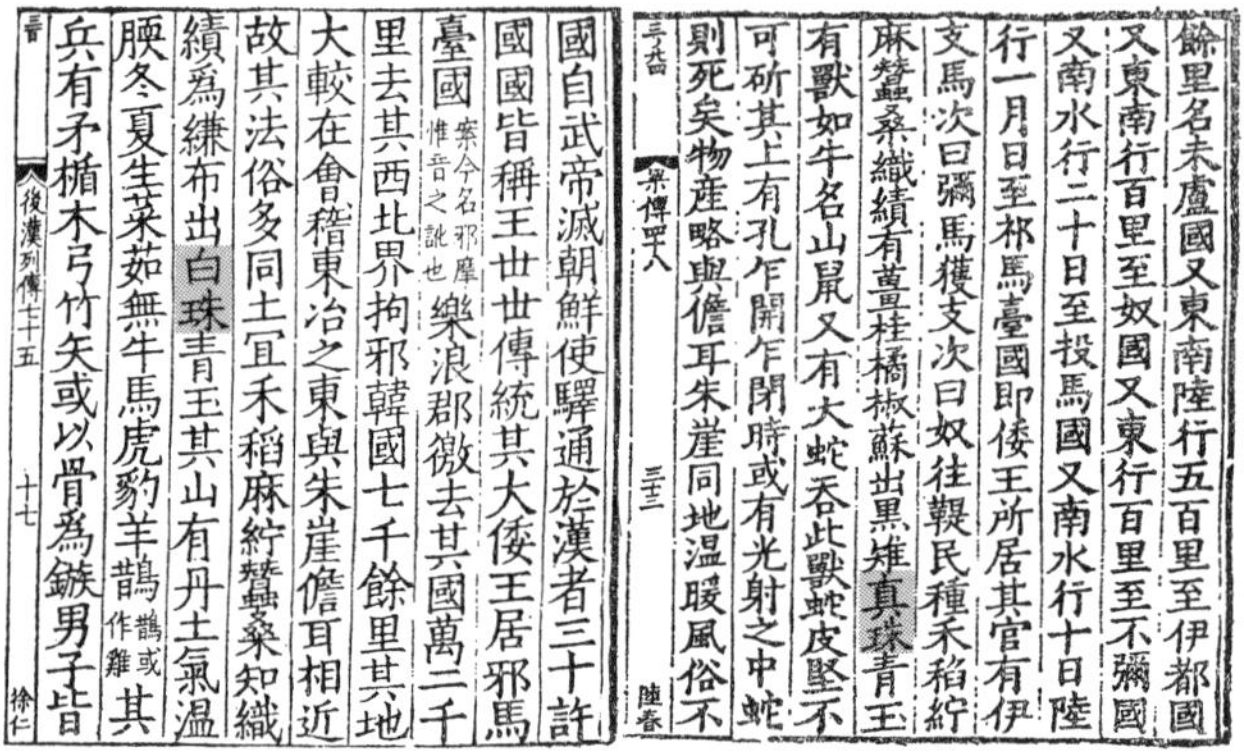
國自武帝滅朝鮮使驛通於漢者三十許
國國皆稱王世世傳統其大倭王居邪馬
臺國 案今名邪摩惟音之訛也 樂浪郡徼去其國萬二千
里去其西北界拘邪韓國七千餘里其地
大較在會稽東冶之東與朱崖儋耳相近
故其法俗多同土宜禾稻麻紵蠶桑知織
績爲縑布出白珠青玉其山有丹土氣溫
腝冬夏生菜茹無牛馬虎豹羊鵲 鵲或作雜 其
兵有矛楯木弓竹矢或以骨爲鏃男子皆

餘里名未盧國又東南陸行五百里至伊都國
又東南行百里至奴國又東行百里至不彌國
又南水行二十日至投馬國又南水行十日陸
行一月日至祁馬臺國即倭王所居其官有伊
支馬次曰彌馬獲支次曰奴往鞮民種禾稻紵
麻蠶桑織績有薑桂橘椒蘇出黑雉真珠青玉
有獸如牛名山鼠又有大蛇吞此獸蛇皮堅不
可斫其上有孔乍開乍閉時或有光射之中蛇
則死矣物産略與儋耳朱崖同地温暖風俗不

2－4　『後漢書』「倭」（左）と『梁書』「倭」（右）の一部

七世紀半ばの『南史《なんし》』も「黒雉、真珠、青玉を出だす」と記している。

そもそも他国の情報とは、その国から何が得られるかが一番の関心事になる。五世紀から七世紀の中国正史のこうした記載を見れば、真珠（白珠）、青玉、黒雉、丹砂などが倭国の特産品として中国人が大いに期待していた物品だったことがわかる。

倭国の人々もそれらが隣の大国が喜ぶ献上品であることを認識し、積極的に中国に持ちこみ、代わりに黄金や銅鏡、鉄器などをもらっていたのではないだろうか。中国の歴史書から見えてくることは、真珠は日本の特産品であり、最古の輸出品だったことである。

したがって、真珠や青玉の産地を擁する王朝こそが中国貿易で優位に立つことができ、国内の軍事力や経済力が突出していたはずであった。真珠と青玉の産地――私たちが改めて考えなければならない問題である。

真珠は七宝のひとつだった

中国人はなぜ真珠を尊んだのだろう。

中国では水中に産するたまは「珠」と呼ばれ、山に産するたまは「玉」と呼ばれた(11)。珠玉とは海の珠と山の玉、すなわち真珠と宝石である。

『三国志』「魏志后妃伝《こうひでん》」には「金銀・珠玉・宝物」という表現があり、真珠は金銀、玉、宝物と並ぶ貴重なものだったことがわかる。

三世紀の中国では、インドで生まれた仏教経典が次々翻訳されていた。そうした経典のひとつである『法華経《ほけきょう》』では真珠は金、銀、瑠璃《るり》、琥珀《こはく》、瑪瑙《めのう》、水晶とともに七宝に数えられた。『観無量寿経《かんむりょうじゅきょう》』でも七宝のひとつに挙げられている。仏教文化では真珠は最高の宝石のひとつだった。

中国では真珠は墓への副葬品としても重要だった。当時、中国人は死者の口に真珠などの珠玉を含ませる「飯含《はんがん》」という風習をもっていた。死者の遺体には「珠襦《しゅじゅ》」と呼ばれる珠をちりばめた短衣を着せ、「玉匣《ぎょっこう》」と呼ばれる珠玉を入れた宝石箱を副葬した。玉匣は玉手箱のことである。こうした風習は次第に過熱していった。

『三国志』「魏志文帝紀《ぶんていき》」には、魏の文帝が「飯含するに珠玉を以《もっ》てすることなかれ。珠襦、玉匣を施すことなかれ。それらは諸《もろもろ》の愚かな俗人がすることとなり」と述べ、華美な埋葬を禁止したことが記されている。

しかし、それほど効果がなかったようである。というのは、一九一一年の辛亥《しんがい》革命の混乱で中国の多くの墓が荒らされたが、墓には真珠が多数埋葬されていたからである。それらの真珠はヨーロッパにもたらされ、中国はちょっとした真珠の産地となったのだった。レオナール・ローゼンタールという二十世紀はじめの真珠ディーラーが語る話である。(12)

古墳時代の真珠の謎

日本でも三世紀から七世紀にかけて豪族たちは、円墳、方墳、前方後円墳など、巨大な墓を造営し、豪華な黄金製品や鉄器製品を副葬するようになった。しかし、そうした古墳から真珠はほとんど出土しない。(13)いくつかの古墳からは真珠が出ているが、それらは単発で、一〇ミリ前後が多いため、淡水真珠かアワビ真珠の可能性が高い。

古墳時代の真珠の例が少ないのは、真珠が溶けてしまったからであるとしばしば解説されてきた。しかし、副葬品の真珠すべてが溶けることはないだろう。したがって次の三つの可能性が考えられる。

ひとつは発掘禁止の天皇陵に多くの真珠が残されているというものである。二つ目は、アコヤガイの産地や海人のいる地域は限られており、日本の多くの地域ではアコヤ真珠は採取されていなかったというものである。三つ目は、仮に真珠が採れたとしても、それらのほとんどが中国への輸出品になったというものである。

ただ七世紀になると、真珠は墓への埋葬品に使われていた可能性がある。

というのは、六四五年に大化改新を行った中大兄皇子《なかのおおえのおうじ》や孝徳《こうとく》天皇たちが、翌年、発布した大化の薄葬令《はくそうれい》で真珠の副葬を禁止しているからである。薄葬とは埋葬を簡素にすることである。『日本書紀』は次のように記している。

「(孝徳天皇は) 詔して言われた。『朕は聞いているが、西土の君はその民を戒めて言われた。「……飯含するに珠玉を以てすることなかれ。珠襦、玉匣を施すことなかれ。それらは諸《もろもろ》の愚かな俗人がすることとなり」と言えりと。……このごろ我が民の貧しく絶《とも》しきこと、もっぱら墓を営《つく》るに由《よ》れり。ここに其《そ》の制を陳《の》べ、尊卑別あらしめん』」

孝徳天皇が『三国志』「魏志文帝紀」の薄葬令の文言をそのまま引用して大化の薄葬令を出しているところが興味深いといえるだろう。八世紀になると、こうした大化の薄葬令の影響もあって、火葬も実施され、墓は次第に簡素になっていった。

太安万侶の真珠

そうした墓のひとつに、七二三年に没した『古事記』の編者、太安万侶《おおのやすまろ》の墓があった。

彼の墓は、一九七九年にいまの奈良市の茶畑から発見され、当時、大きな話題になった。

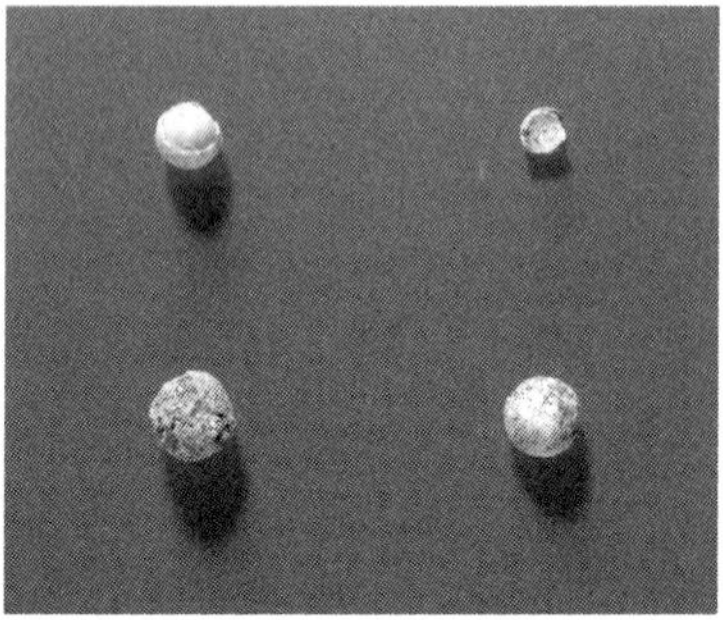

2－5　太安万侶墓出土の真珠
（奈良県立橿原考古学研究所提供）

墓は木棺製の簡素なもので、火葬に付された骨と「太朝臣安萬侶」と読める銅板の墓誌が納められていた。真珠も四個入っていた（図版2－5）。真珠と墓誌以外に副葬品は何もなかった。

これらの四つの真珠が真珠史で名高い太安万侶の真珠である。橿原《かしはら》考古学研究所附属博物館で展示されている。直径は三ミリから五・四ミリまで。もともとは球形の真珠だったと思われるが、表面や内部が落剝《らくはく》しているものもある。ふたつに真珠光沢が残っている。調査の結果、真珠はアコヤ真珠であること、太安万侶の骨は焼かれていたが、真珠には焼成の跡がないことから、後から骨に添えられたものであることが判明した。骨ののどのあたりかは不明である。[14]

なぜ太安万侶の骨に真珠が添えられていたのだろうか。

おそらくこの真珠は死者の口に珠玉を含ませる飯含ではないだろうか。時代は簡素な火葬の墓を要請していたが、太安万侶の家族は古来のしきたりを踏襲することを好み、愛する人の遺骨の口あたりにそっと真珠を置いたのかもしれなかった。

太安万侶の真珠に見られるように、奈良時代になると真珠の出土品はにわかに多くなる。実は奈良時代というのは、当時の真珠が大量に残されている異色の時代なのである。

真珠の宝庫となっているのが正倉院宝物である。真珠の数四一五八個。そのうち三八三〇個が聖武《しょうむ》天皇の礼服《らいふく》や冠の残欠《ざんけつ》（一部分）としてビーズをつないだような形で残っている（図版２－６）。中央に真珠をはめこんだ花弁模様をあしらった帯や履物、小刀などもある。

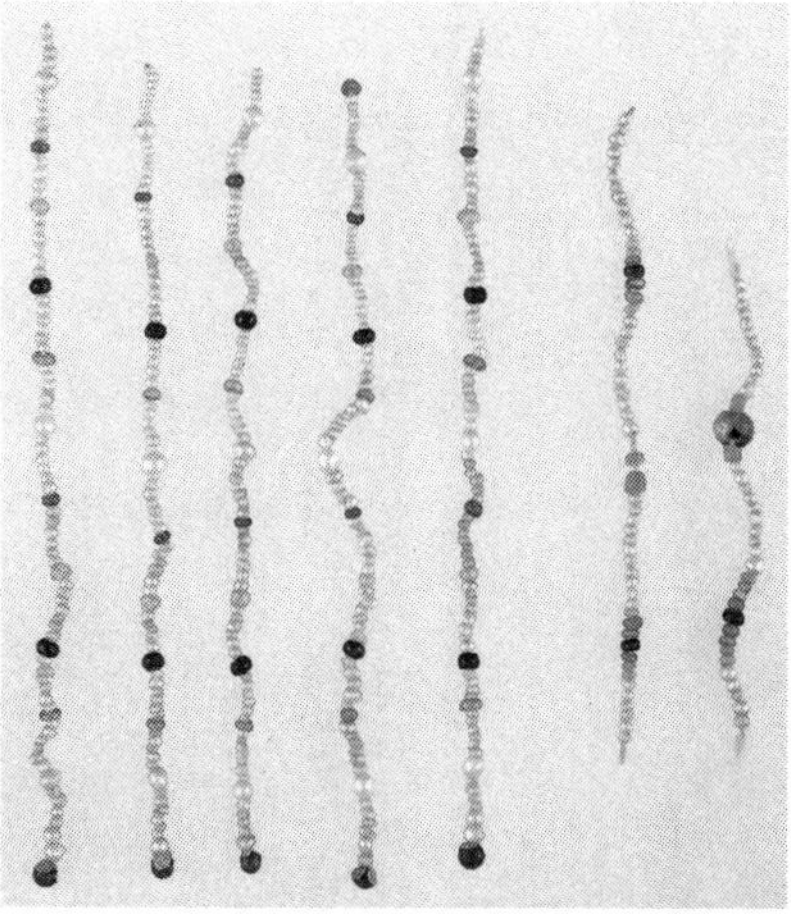

２－６　正倉院の真珠と瑠璃玉の垂飾（礼服御冠残欠）（正倉院事務所『正倉院宝物　北倉２』）

四一五八個の真珠のほとんどはアコヤ真珠で、七個の比較的大きなアワビ真珠とアワビ真珠と推測される十数個の真珠があった。アコヤ真珠の大きさは三・五ミリが多く、大きくて四ミリだった[15]。

奈良時代、真珠は天皇の衣冠束帯に欠かせない物品であった。平安時代の『延喜《えんぎ》式《しき》』によると、元日の朝賀や即位の儀式に参列する親王や高位の者の冠には真珠の使用が求められていた。真珠は、位の高い人々の象徴の品だった。

地の神を祭るための真珠

真珠は地の神を祭るためにも使われた。

その興味深い話が『日本書紀』に記されている。前章で簡単に述べたが、ここではもう少し詳しく見てみよう。

允恭《いんぎょう》天皇の在位十四年目、天皇が淡路島で狩りをしたことがあった。島には大鹿、猿、猪《いのしし》がたくさんいたのに、獲物が一匹も獲《と》れなかった。占いを立てると、島の神が「獣を得ないのは私の意思である。明石《あかし》の海の底に真珠がある。その珠を我にまつれば、ことごとく獣を得るだろう」と宣託した。そこでいろいろな地域の海人が潜ったが、明石の海は深く、海の底まで達することができなかった。しかし、阿波《あわ》の国の男狭磯《おさし》という海人が腰に縄をつけて海の底まで潜り、大鰒《おおあわび》を抱いて浮かび上がったところ、そのまま死んでしまった。縄をはずして海の深さを測ると、六〇尋《ひろ》（九〇メートル）あった。鰒を裂くと、真珠があった。その大きさは桃の実ぐらいで、島の神に祭って、再び狩りをしたところ、多くの獲物を得た。ただ、人々は男狭磯が死んだことを悲しんで、墓を作って手厚く葬ったという。

この逸話から真珠は地の神に捧《ささ》げる宝であったことがよくわかる。ただ、その真珠は引きあげてもらうための縄を使って深い海に潜らないと得られないものであり、真珠採取は死と直結する作業だったことも逸話は示しているのである。

寺院を建立するさいにも、土地を清め、地の神を祭るために寺院に宝物が埋納された。そうした宝物のことを鎮壇具《ちんだんぐ》と呼んでいるが、鎮壇具としての真珠は、東大寺や興福寺からも発見されている。今日、東大寺ミュージアムや興福寺国宝館で見ることができる。東大寺の鎮壇具の真珠は調査はなされていないが、正倉院と同じアコヤ真珠だと考えられている。一方、興福寺の真珠は淡水真珠とされている。(16)

長崎の彼杵は真珠の一大産地

奈良時代になると、どのような地域が真珠の産地になっていたのだろう。

『万葉集』には七世紀から八世紀の歌が収められているが、白玉の産地を詠んだ歌は意外と多い。水に漬かった白玉があると歌われたのは筑紫《つくし》と近江で、万葉人は九州の真珠と琵琶湖の淡水真珠を知っていた。海人が潜って白玉を集めていたのは奈呉《なご》の海（富山湾）である。伊勢《いせ》や紀伊《きい》、淡路島や珠洲《すず》（能登《のと》半島）ではアワビの真珠を採ったという歌がある。紀伊の国や玉の浦（岡山県）では白玉を拾うという句があるが、ハマグリなどの「貝の玉」の可能性もある。

そうしたなか、真珠の産地として、当時、全国に鳴り響いていたのが長崎の「彼杵郡《そのきのこおり》」である。『肥前国風土記』は七三二年から七四〇年の間に編纂《へんさん》された長崎県の一部と佐賀県の一部の風土記であるが、彼杵郡について次のような地名の由来を伝えている。

彼杵郡には土蜘蛛《つちぐも》と呼ばれる豪族たちが暮らしていたが、景行《けいこう》天皇は家臣を派遣して、彼らを捕らえさせ、彼らから「木蓮子玉《いたびたま》」、「白珠」、「美《うるわ》しき玉」を奪った。こうして「三色の玉」を得た天皇は、この国は玉が備わった国であると思い、「具足玉国《そないだまのくに》」と呼ぶよう詔《みことのり》した。『肥前国風土記』は、いま、「彼杵郡」と呼ぶのは、横訛《よこなま》ったからであると結んでいる。

　彼杵とは大村湾の沿岸地域のことで、西彼杵《にしそのぎ》半島とか東彼杵《ひがしそのぎ》として地名が残っている。景行天皇が彼杵で奪った「木蓮子玉」はイタビカズラの黒い実のような玉のことで、おそらくアワビ真珠だろう。「白珠」はアコヤ真珠。「美しき玉」の色は不明だが、もし黄色のアコヤ真珠とすると、黒、白、黄となり、「三色の玉」となる。実は大村湾は、日本で一、二を争う真珠の大産地だった。その名声は八世紀にすでに鳴り響いていたのである。

　平安時代になると、対馬と志摩《しま》国（三重県）も名高い真珠の産地となっていた。たとえば、十世紀の法律規定集の『延喜式』は、中央の皇族や貴族の使人が対馬に渡って私的に真珠を買いつけることを禁じ、志摩国には白玉千丸を税として課している。志摩の縄文貝塚からはアコヤガイの出土報告はなかったが、[17]十世紀になると志摩地方は真珠の産地だった。

遣唐使は真珠を持っていったのか

　この章の最後に遣唐使をめぐる真珠ミステリーについても語っておこう。それは真珠は遣唐使の朝貢品になったのかという問題である。これまでの本書の話を思えば、読者は当然と思うだろう。しかし、遣唐使の朝貢品についての議論では真珠は登場しないのである。

『延喜式』には唐の皇帝などへの朝貢品一覧が記されているが、そこでは銀、絹織物、黄糸《きのいと》、麻布、出火水精《しゅっかすいしょう》、瑪瑙、海石榴《つばき》油、甘葛《あまづら》汁などが挙げられており、真珠は入っていない。八世紀半ばには陸奥《むつ》で金が発見されたため、遣唐使が砂金を持っていくのも名高い話となった。

多くの学者は『延喜式』の朝貢品一覧の記述や砂金を重視するあまり、真珠が重要な朝貢品のひとつだったと考えることはほとんどなかった。東野《とうの》治之《はるゆき》の『遣唐使船』などが指摘する程度だった。

しかし、中国側の史料を見ると事情は異なってくる。十一世紀前半に成立した宋《そう》代の勅撰《ちょくせん》書の『冊府元亀』には「(開成《かいせい》三年)十二月日本国遣使朝貢進真珠絹」と記されている[18](図版2―7)。中国の開成三年は西暦八三八年で、承和《じょうわ》の遣唐使が入唐《にっとう》し、皇帝に謁見した年である。遣唐使たちは真珠も献上していたのだった。真珠は日本の重要な輸出品だった。

十一月契丹遣使朝貢
十二月南詔及室韋朝貢
三年七月昆明差使朝貢
十二月日本國遣使朝貢進真珠絹
四年正月闍黎國遣使李南呼祿來朝貢
閏正月南詔廻鶻日本牂牁各遣使朝貢
十二月戊辰渤海王子大延廣契丹首領薩葛奚大
首領温訥骨室韋大都督秩虫等朝貢
五年南詔遣使朝貢

2―7 『冊府元亀』(部分)

マルコ・ポーロが語った日本の真珠

ところが平安時代になると、中央に暮らす貴族たちは真珠への関心を急速に失っていった。たとえば十一世紀の『源氏物語』では真珠は出てこない。その理由のひとつとして、平安時代の人々が、装身具よりも着物の色合わせや香などに熱中するようになったからと考えられている。[19] 日本人は世界でも珍しい、真珠や宝石、装身具に無頓着《むとんちゃく》な民族になっていったのである。

とはいえ真珠の産地の人々は真珠が外国との交易品になることを認識していた。明治時代の外務省が編纂した『外交志稿』などによると、十一世紀から十二世紀、対馬や薩摩《さつま》の人は真珠や水銀、牛馬などと引き換えに高麗《こうらい》と貿易を行っていた。[20]

十三世紀末のマルコ・ポーロの『東方見聞録』も日本の真珠のことを語っている。

マルコ・ポーロはヴェネツィアの商人で、十三世紀後半の十七年間、フビライ・ハーンの宮廷に滞在したが、日本へは来なかった。しかし、日本について、チパングの住民は肌が白く礼節の正しい優雅な偶像教徒であること、住民は莫大《ばくだい》な金を所有していることなどを述べ、次のように続けている。

「この国には多量の真珠が産する。ばら色をした円い大型の、とても美しい真珠である。ばら色真珠の価格は、白色真珠に勝るとも劣らない。この国では土葬と火葬が並び行われているが、土葬に際しては、これら真珠の一顆《いっか》を死者の口に含ます習いになっている……ほんとうに富める島国であって、その富の真相はとても筆舌には尽くせない」（愛宕松男《おたぎまつお》訳）

ばら色の大型真珠は、琵琶湖のイケチョウガイの淡水真珠かもしれない。白色真珠はアコヤ真珠のことだろう。真珠を死者の口に含ませる飯含の風習も語っているが、太安万侶の墓には真珠が副葬されていた。マルコ・ポーロの記述は意外と正確だと思われる。

おそらく彼はフビライ・ハーンの宮廷の中国人から情報を得たのだろう。だとすると中国人の間では日本の真珠はかなりよく知られていたことになる。

マルコ・ポーロの記述の意義は、ヨーロッパ人の認識に日本という真珠の産地を加えたことだった。これまで真珠の産地はアラビア湾と南インドだった。ヨーロッパ人は中国南部の真珠の産地にほとんど気づいていなかったため、マルコ・ポーロの報告によって、日本が第三の真珠の産地になったのである。日本人のあずかり知らぬところで、日本の真珠の名声はいや増していた。

一四九二年になると、マルコ・ポーロの『東方見聞録』を愛読する航海者が現れる。日本の真珠と黄金を目指して出航し、南米ベネズエラでアコヤ真珠の大産地を発見し、ベネズエラを略奪と殺戮《さつりく》の舞台にしたクリストファー・コロンブスだった。

第三章　真珠は最高の宝石だった

古代オリエントにおける真珠の産地はふたつあった。アラビア湾と南インドのマンナール湾である。アラビア湾にはアコヤガイとクロチョウガイが生息しており、マンナール湾にはアコヤガイが生息していた。これらの地域の人々はこうした真珠貝が生み出す真珠を珍重していたが、その真珠に憧れるようになったのがヨーロッパ人だった。美しい海の真珠はヨーロッパでは採れなかったのである。真珠は宝石のなかの宝石となり、コショウ同様、オリエントを代表する高価な特産品となった。

この章では古代オリエントの真珠文化と古代ヨーロッパ人の真珠への熱狂を見ていこう。

ギルガメシュ叙事詩と真珠採り

海に潜って、真珠を集めていた世界最古の地域はおそらくアラビア湾である。この地の真珠採取の特徴は、ロープに結んだ重い石に足をかけ、急降下して海の底に達し、貝を集めることである。浮上するときは石を外し、もう一本のロープで船の上の人に素早く引き上げてもらう。こうした方法は二十世紀はじめまで行われていた（図版3－1）。その真珠採取の様子を思わせる内容がギルガメシュ叙事詩に登場する。

ギルガメシュ叙事詩とは前八世紀ごろに楔形《くさびがた》文字で書かれたメソポタミア最古の神話である。ノアの箱舟のモデルと思われる大洪水伝説が含まれていることでひときわ名高い。世界最古の文明を築いたシュメル人の王ギルガメシュが主人公で、叙事詩の後半は彼が「永遠の生命」を求めてさまよう話になっている。ギルガメシュはついに「永遠の生命」を得たというウトナピシュティムという人物と出会う。すると彼は生命の秘密の話をギルガメシュにしてくれた。

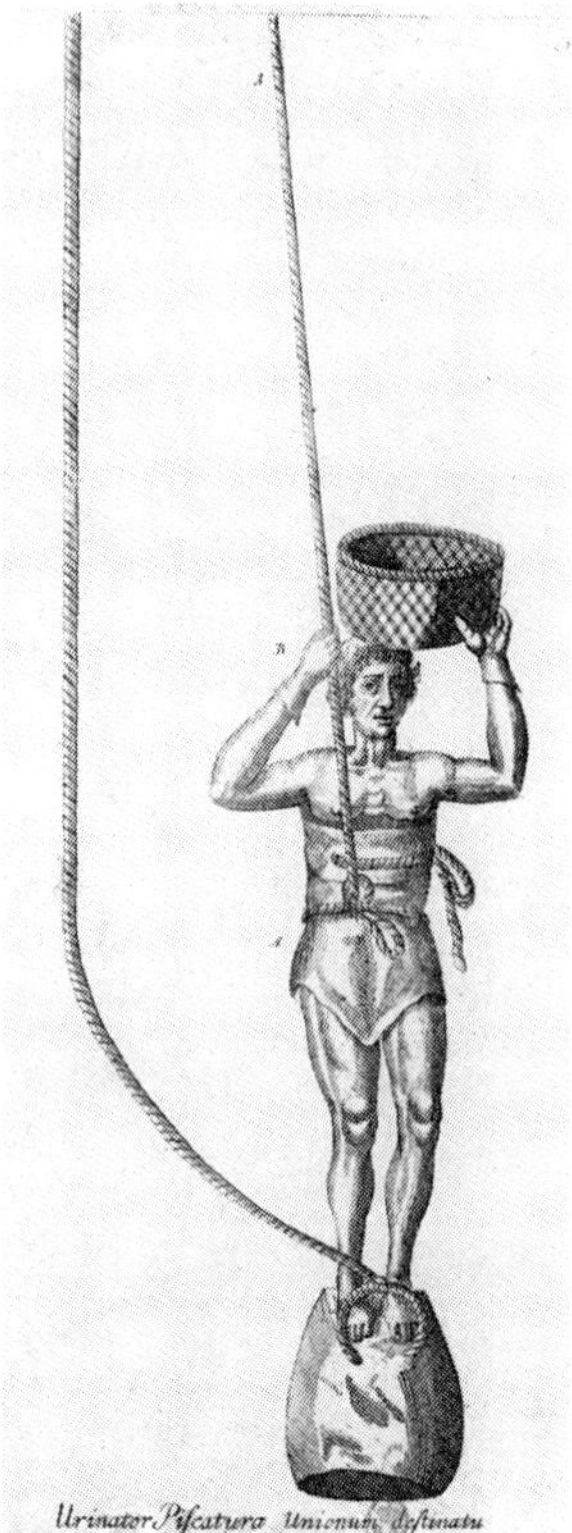

3－1　アラビア湾の潜水夫を描いた1704年のイラスト（Bari, *Pearls.*）

「〔生命の秘〕密をお前に語〔ろう。〕
その根が棘藪《とげやぶ》のような草がある。
その棘は野薔薇《のばら》のように〔お前の手を〕刺す。
もし、この草を手に入れることができるなら、〔お前は〔不死の〕生命を見出《みいだ》そう。〕」
ギルガメシュはこれを聞いて、溝〔を〕開け、
重い石を〔足に〕縛り付けた。
それら（＝石）が彼を深〔淵《アプスー》〕に引き込むと、〔そこにかの草があった。〕
彼はその草を取ると、〔棘が彼の手を刺〕した。
彼はそれらの重い石を〔足から〕はずした。
〔深淵の〕海は彼を岸辺に投げ出した。

（月本昭男《つきもとあきお》訳）

その後、ギルガメシュはせっかく手に入れた草を蛇に盗まれてしまう。以来、人間は死が避けられなくなったが、蛇は古い皮を脱ぎ棄《す》てて生命を更新できるようになったという。
これがギルガメシュ叙事詩の一節であるが、その内容はいくつかの点で興味深い。
まず永遠の生命を象徴する草が、真珠貝を思わせることである。とくにアコヤガイは草のようにまとまって群生し、貝殻はささくれており、海の底に潜らないと得られなかった。潜

るときには重い石を使うが、ギルガメシュも重い石を使っている。こうしたことを勘案すると、ギルガメシュ叙事詩の話はアラビア湾の真珠採りを象徴しているといえそうである。

ギルガメシュ叙事詩では、真珠貝を思わせる草を得ると不死の生命を得るとされているが、古代メソポタミアにはシュメル人たちが不老不死の地と考えている土地があった。その地はディルムンと呼ばれ、「老けてしまった」と嘆く老婆や老人がいない清らかな地であった[1]。今日、ディルムンはバハレーン島に比定されている。このバハレーン島こそが古代アラビア湾を代表する真珠採取の中心地だった。

バハレーン島は真珠採りの中心地

バハレーン島はアラビア半島東岸近くの島である。海にはアラビア湾アコヤガイ（*Pinctada radiata*）とクロチョウガイ（*Pinctada margaritifera*）が生息していたが、水深が深くないため、早くから良好な真珠採取の漁場となっていた（図版3－2）。

実際、島には真珠採りが行われたことを示す遺跡が残っている。それが島の南西部にあるラース・ジャザーイル貝塚である。前章でも述べたが、柊原貝塚との比較からも興味深い貝塚で、約二〇〇メートル×一〇〇メートルの敷地に〇・九メートルのアコヤガイ層が築かれている。前二〇〇〇年紀初期の貝塚である。

この貝塚からは真珠が発見されていないようだが、バハレーン島からは太古の真珠が三個発見されている。[2] ひとつは前二〇〇〇年紀の真珠で、詳細は不明。もうひとつは紀元前七五〇年ごろの真珠一個で、宮殿か神殿の床の下から、埋葬された蛇とともに出土した。[3] ギルガメシュ叙事詩にあるように、真珠と蛇は不老不死の象徴だった。三つ目の真珠は紀元前六世紀の孔が開けられたドロップ型の真珠一個である。これはクロチョウ真珠だろう。

3－2　アラビア湾の真珠採取地、バハレーン島とメソポタミア世界

バハレーン島やアラビア半島沿岸部では、潜水に使ったと思われる石の錘《おもり》や真珠の孔開け用だと思われる錐《きり》なども出土しており、この地の真珠採取の伝統を示しているが、真珠は出土していない。

真珠は世界最古の宝石だった

真珠は「魚の眼」と呼ばれていたようである。

古代メソポタミア世界では、ディルムン（バハレーン島）は真珠採取地であると同時にインダス地方などの貴重

3－3　アケメネス朝ペルシアの真珠のネックレス（Joan Y. Dickinson, *The Book of Pearls.*）

な物品が集まる一大貿易地となっていた。そのディルムンからシュメルの人々が持ち帰った物品一覧を記した粘土板がイラク南部のシュメルの神殿址から発見されている[4]。粘土板にはカーネリアン（紅玉髄《べにぎょくずい》）、白サンゴ、象牙、亀甲《きっこう》などとともに、「魚の眼」三個と記載された物品が登場する。

カーネリアンや白サンゴなどは、当時、高価な宝石であったが、「魚の眼」はそれらと一緒に列挙され、量や重さではなく、三個という個数で記されている。また、シュメル語には真珠に該当する語彙が見当たらない。そうしたことから「魚の眼」は真珠と考えられている。

シュメル人は五五〇〇年前ごろにイラクで世界最古の文明を築いた人々だった。彼らが海を渡って入手した真珠は、世界最古の宝石であり、交易品のひとつだった。

ペルシア帝国の真珠のネックレス

シュメル文明が滅亡した後も、真珠に対する愛好は古代メソポタミアの歴代の王朝に引き継がれていった。アッシリア帝国や新バビロニアの遺跡などからも、真珠がついた金製イヤリングやまとまった数の真珠などが出土している。

前六世紀になるとアケメネス朝ペルシアがメソポタミアの覇者となった。彼らの都はペルセポリスだったが、イラン南西部のスーサも重要な都市だった。このスーサから前三五〇年ごろの真珠のネックレスが発見されている。女性の遺骨が納められた棺《ひつぎ》から出土したもので、三連タイプのネックレスだった。発見時にかなりの真珠が粉状になったが、いまでも二百個以上が残っている[5]（図版3―3）。ネックレスには五ミリのディスク模様の黄金製飾りも使われており、これと比較すると真珠の大きさは三～五ミリぐらいである。真珠はアコヤ真珠だろう。古代メソポタミアの人々は、アラビア湾の真珠の産地に近いこともあり、真珠のネックレスやイヤリングで身を飾る文化を早くから育《はぐく》んできたのである。

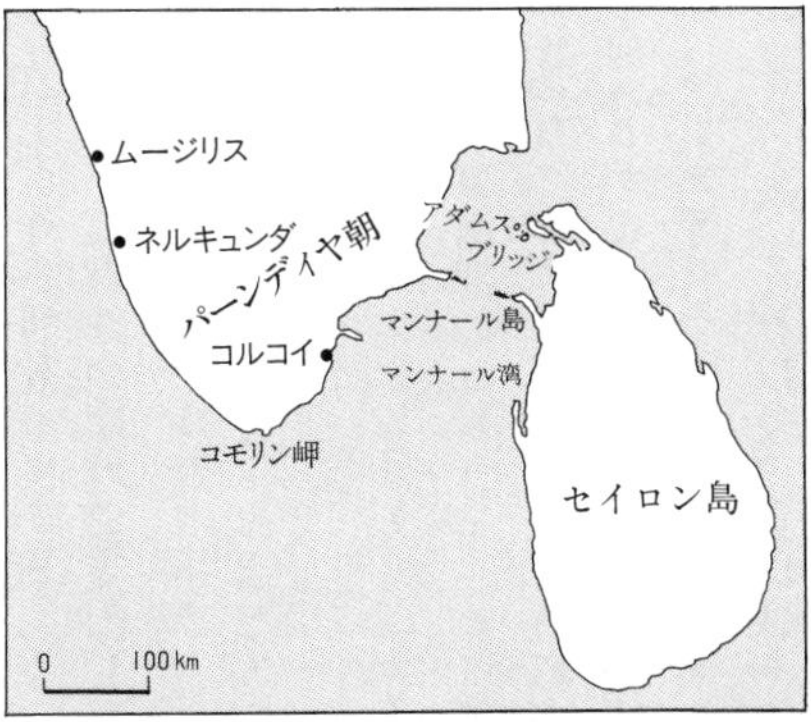

3―4　南インドの真珠の産地、マンナール湾

インドの真珠の王国、パーンディヤ朝

次に、オリエントのもうひとつの真珠の産地、南インドを見てみよう。

南インドの東南側には、真珠の王国と呼ぶにふさわしいパーンディヤ朝が栄えていた。前四世紀には存在し、十四世紀まで存続した。途中、国運が衰退した時期もあったが、千七百年にわたってインドの真珠の産地を支配したタミル人の王国であった（図版3－4）。

真珠の産地はマンナール湾で、この海にはインドアコヤガイ（*Pinctada fucata*）が生息し、白くて美しい真珠を生み出していた。海は深くはなかったが、サメなどの大魚が多い危険な海であった。

一世紀のギリシア語文献『エリュトゥラー海案内記』によれば、インド最南端のコモリン岬から東南部のコルコイ（カーヤルの近く）にかけてパーンディヤ王が所有する真珠採取場があり、罪人たちがその仕事にあたっていた。インドの真珠採取では潜水夫が大魚に襲われることがよくあるため、罪人が使役されていたのかもしれなかった。

パーンディヤ朝はこうして集めた真珠を積極的に輸出していた。大粒真珠は王が買い上げていたが、それ以外の真珠はネルキュンダという貿易港から輸出していた。

一般に、古代インドの諸王朝は、真珠や宝石は王に献上されるべきものとして、輸出禁止品にしているところが多かった。しかし、パーンディヤ朝はみずから真珠採取場を経営することで、真珠を王国の輸出品にしていた。真珠はパーンディヤ朝の莫大な収入源だった。

南インドの西南側にはコショウを特産品とするタミル人の王国、チェーラ朝があり、その貿易港はムージリスだった。ムージリスやネルキュンダの港にはコショウ、真珠、透明石、鼈甲《べっこう》、サンゴ、綿織物などの贅沢品《ぜいたくひん》が集まり、そこからインド各地にもたらされていた。

インド仏教の真珠

こうしたパーンディヤ朝やチェーラ朝のことは、前三世紀のアショーカ王の碑文にも記されている。アショーカ王は北西部を拠点にするマウリヤ朝の王で、仏教を広め、インド各地にストゥーパを建造したことで知られている。ストゥーパとは釈迦《しゃか》の遺骨を納めた半円状の仏教建築のことである。

現存するインドの真珠は、そうしたストゥーパの舎利容器からしばしば発見されている。紀元前後から三世紀のパキスタンにあるストゥーパなどからの出土例があり、糸でつながれた数十個の真珠や七〇〇個ぐらいまとまった真珠などが見つかっている。(6)

紀元一～二世紀ごろのインドで成立した仏教経典の『法華経』や『観無量寿経』では真珠は七宝のひとつだった。極楽浄土やそこにある宮殿や楼閣は色とりどりの七宝で荘厳《しょうごん》されていることが繰り返し語られている。ストゥーパの真珠は、この聖なる建造物を荘厳する目的で献納されたものかもしれない。

インドの政治書が述べる真珠文化

インドは川からもかなりの淡水真珠が採れる地域だった。そうした淡水真珠やアコヤ真珠を使って世界に例のない豪華絢爛《ごうかけんらん》な真珠文化を生み出した地域でもあった。

インドの真珠文化のすごさは、三世紀ごろに編まれた『実利論』という政治の手引書からも明らかになる。『実利論』は王国の各長官の任務内容を定め、税金や関税の徴収方法、敵の寝返りのさせ方、スパイや売春婦の利用法、毒薬の使い方まで指南している、なかなか現実的な本である。各種宝石の見分け方についても述べている。宝石のなかで、最初に登場するのが真珠で、次のように語っている。

「真珠は、タームラパルニー川、パーンディヤカ・ヴァータ、パーシカー川、クラー川、チューールニー川、マヘーンドラ山……スロタシー川、湖、ヒマラーヤで採れる。真珠貝、ホラ貝、その他が真珠の母貝である。

平たい豆状のもの、三角形のもの、亀《かめ》の形をしたもの、半円形のもの、皮膜で覆われたもの、対になったもの、傷のあるもの、でこぼこしたもの、シミのあるもの、ヒョウタン型のもの、黒っぽいもの、青いもの、孔の開け方の悪いもの、以上が欠陥真珠である。大きく、丸く、平らな面をもたず、光沢があり、白く重くすべらかで、適切な場所に孔が開けられたものが上質の真珠である」（上村勝彦訳を参考に筆者が英文から翻訳、以下同じ）

続いて、真珠の各種ネックレスを定義している。

「一〇〇八の真珠の紐《ひも》をもつのがインドラッチャンダである。その半分がヴィジャヤッチャンダ、六四の紐がアルダハーラ、五四の紐がラシュミカパーラ、三二の紐がグッチャ、二七の紐がナクシャトラマーラー、二四の紐がアルダグッチャ、二〇の紐がマーナヴァカ。その半分がアルダマーナヴァカとなる」

さらに『実利論』は、中央に宝石《マニ》がある場合、金や宝石で飾られた場合、金の紐に通された場合などについても真珠のネックレスの名前を定め、頭、手、足、腰のさまざまな飾りについてはこれに準じると語っている。

この後、ルビー、サファイア、水晶などの宝石、ダイヤモンド、サンゴ、栴檀《せんだん》、沈香《じんこう》などについても記し、宝石長官はこうした宝物の量、価格、品質、貯蔵法、偽造品の鑑定などについて知るべきであると結んでいる。

真珠の名称の多さは文化の成熟度

『実利論』の記述は、インドの真珠についていろいろなことを教えてくれる。

まず、宝石のなかで真珠が最初に説明されており、真珠がもっとも重要な宝石だったことを示唆している。一方、川や湖水の真珠、欠陥真珠もかなり使われていたことがわかる。

真珠の宝飾品の名前は数によって異常に細かく定義されている。宝石長官は覚えるのが大変だっただろう。しかし、こうした名称の細分化は、古代インド人が洗練された真珠文化を育んでいた証拠といえるだろう。語彙の多さはその文化の成熟度を示すものである。

実は、インドの人々は、裸の上半身を真珠や宝石で飾るという世界に例のない装いの文化を生み出した人たちだった。インドは熱帯なので腰布さえ巻けば、上衣がなくても十分暮ら

3－5　アジャンター壁画「カリヤーナカーリン本生」（部分）（定金計次『アジャンター壁画の研究』）

すことができた。しかも、真珠や宝石や金が潤沢な土地だった。こうした条件があいまって古代インドでは、真珠や宝石を服代わりにする装いの文化が生まれたのだった。私たちはそうした文化の一端をアジャンターの壁画（図版3－5）などに見ることができる。

古代ギリシア人の真珠の発見

このように古代オリエントでは、真珠の産地ならではの真珠文化が花開いていた。このオリエントの真珠について、ヨーロッパ人が知るきっかけとなったのが、紀元前三三〇年代のアレクサンドロス大王の東征とその後の東西交流だった。というのは、この東征でヨーロッパ人はついにオリエントに足を踏み入れたからである。

アレクサンドロスは前三三一年にペルシア帝国の都のスーサやペルセポリスを攻略して、莫大な金銀財宝を手に入れた。おそらく大量の真珠も得たと思われるが、当時の文献には真珠のことは出てこない。[7] しかし、アレクサンドロスがインダス河口で組織し、アラビア湾の湾奥まで航行した大艦隊の乗組員のひとりだったアンドロステネスが、真珠について報告している。

アンドロステネスは、ここの海には真珠ができる貝があり、ホタテガイと似ている、真珠はアジアでは高価で、金の重さとの換算で売られている、真珠は金色と純白のものがあり、純白のものは魚の眼に似ていると述べている。[8] アンドロステネスが「魚の眼」といっているのは興味深いといえるだろう。アコヤガイはホタテガイに似ているし、その真珠は黄色系と白色系がある。ギリシア人はアラビア湾への航海で、アコヤガイとその真珠を目撃したようである。

一方、アレクサンドロスの部下が興したセレウコス朝の使者としてインドのチャンドラグプタの宮廷に滞在したのがメガステネスだった。彼は、真珠貝はミツバチのように群生しており、網で採取する、インドでは真珠は純金にしてその目方の三倍の価値があると報告した。[9]

こうして古代ギリシア人は、アラビア湾やインドで真珠を発見した。彼らは、その真珠を故国にもたらした。古代ギリシアの哲学者のテオフラストスは『石について』という書物のなかで次のように語っている。

「貴重な石のひとつに、マルガリテスと呼ばれるものがある。これは本来透明で、高価なネックレスがこれから作られる……（マルガリテスの）大きさは、大きめの魚の眼ぐらいである……それらは事実上、類を見ない素晴らしい石である」

テオフラストスは、美しく透き通った感じのアコヤ真珠を見たのだろう。魚の眼という表現はここでも登場する。当時、テオフラストスは、アリストテレスの後継者として活躍し、ギリシアにおける知の最高権威となっていた。そうした人物が、アコヤ真珠を「素晴らしい石」と述べ、高い評価を与えたのだった。

古代ローマとインドの交易

一世紀になると、古代ローマ帝国の人々はインドと交易を行うようになった。当時、エジプトはローマ領となっていたが、そのエジプトから紅海を下ってインド洋に出て、夏の季節風に乗れば、約四十日で南インドの西南側に到達できることが発見されたのである。インドには真珠、コショウ、ダイヤモンド、透明石、サンゴ、鼈甲、綿織物など買いたいものがいろいろあった。しかし、ヨーロッパ人はインド人が喜ぶ商品を持ち合わせていなかった。そのため、ローマの金貨や銀貨で支払う必要があった。インド貿易は意外とコストがかかっていた。

インド貿易のもうひとつの難しさは、インドの諸王朝は中央集権国家であったため、商人は国家の厳しい監視下に置かれたことだった。『実利論』の記述によると、航行中の船が領海に入ったら、さっそく関税が要求された。商人たちは何者で、どこから来たのか記録され、旅券がなければ逮捕された。商品の量と価格は事前申告で、申告した価格より高く売れた場合はその差額が没収された。出国のさいには再び税関を通ったが、商人が真珠や宝石などを牛糞《ぎゅうふん》やワラのなかに隠していることが露見すると、最高の罰金が科せられた。

苦労の絶えないインド交易であったが、それでもヨーロッパ人がローマ金貨を携えてはるばる向かうだけの甲斐《かい》はあったのだろう。ただ、大商いを達成し、祝杯をあげたくなっても、インドの居酒屋に飲みに行くのはやめておいたほうがよかった。

『実利論』によると、インドには酒類長官がいて、香や花環《はなわ》や水を備えた快適な酒家を用意していたが、そこにはスパイや美しい奴隷女たちが置かれていて、酔いつぶれた客の装身具や衣服、金銭を調べ、その正体を探っていたからである。不審な荷物があるときは、適当な口実をつけて逮捕するよう『実利論』は命じている。

二世紀のギリシア人アッリアノスは『インド誌』のなかで次のように述べている。

「それ（真珠のこと）は今日でもなお、インドからさまざまな商品をわれわれのところにもたらす者たちが、苦心して買い付けた末にやっと〔現地から〕持ち出すもので、昔のギリシア人にせよ今日のローマ人にせよ、財産あり富み栄えている人びとがいずれも、いまだに大変な努力をはらって買い求める品……『マルガリテス』〔真珠〕と呼ばれているものなのである」（大牟田《おおむ　たあきら》章訳）

真珠を最高の宝石と定めたプリニウス

こうした商人の努力によって、真珠や宝石がローマにもたらされるようになった。そうした宝石の順位を定め、真珠を最高の宝石と位置づけたのが、古代ローマのプリニウスだった。プリニウスは、全三七巻の『博物誌』をたったひとりで執筆した紀元一世紀の博物学者である。ヨーロッパでもっとも尊敬された人物のひとりで、十六世紀のルネサンス時代にはプリニウスを引用できなければ教養人でないと考えられていた。

そのプリニウスは『博物誌』のなかで、自然の壮麗さは宝石という狭い範囲に凝縮していると述べ、さまざまな宝石をランクづけしていく。一位としたのがダイヤモンドで、二位がインドとアラビアの真珠であった。三位はエメラルドなどの緑色の石で、四位がオパール、五位がサードニクス（紅縞瑪瑙《べにしま》）だった。

ただ、ダイヤモンドについては割り引く必要がある。というのは、プリニウスは、ダイヤモンドの破片はどんな硬い物質にも孔を開けることができるので、宝石の彫刻家から多大な需要があり、工具の先に差しこまれると語っているからである。当時、ダイヤモンドの産地はインドだけであり、しかもダイヤモンドはインドの王朝の輸出禁止品だった。それでも少しはローマに入ってきており、万能の工具として重宝されていた。しかし、工具となる石は美しい宝石とはちょっと違う。ダイヤモンドははずしたほうがよさそうである。

一方、プリニウスは『博物誌』の別の箇所では真珠を一位に置いている。「それを獲得するには人命をも賭《か》けねばならないような贅沢によってもっとも多くの満足がえられる」ため、「貴重品の中でも第一の地位、最高の位が真珠によって保持されている」（中野定雄他訳、以下同じ）と述べている。

プリニウスによれば、真珠はインド洋が送ってくれるものであった。巨大で奇異な動物が多くの海を渡り、広大な陸地を越え、太陽の燃えるような焦熱の地からやってくるが、真珠もそのひとつだった。セイロン島では金銀、真珠、宝石が尊ばれ、あらんかぎりの贅沢がローマよりも高い程度で行われていた。アラビア海には真珠がよく採れるテュロス島（バハレーン島）があった。プリニウスは、アラビア海は我々に真珠を送ってくれるので、「幸多き」という名称はアラビア海にもっとももよく当てはまるとも述べている。真珠は最高の宝石だった。

プリニウスの人となり

こうしてプリニウスは宝石の順位を決定づけ、後世に大きな影響を及ぼした。ただ、彼自身はローマ皇帝とも親しい支配者階級でありながら、きわめてストイックな人で、執筆活動に全力を注いでいた。毎朝、夜明け前にローマ皇帝を訪問する職務があったが、帰宅後は短い睡眠をとった後、精力的に執筆作業を開始した。深夜も仕事を続け、たびたび居眠りしたが、すぐに目覚めては書きつづけた。美食にも興味がなかったようで、ローマ人が熱狂したコショウについては、料理をピリッとさせて食欲を高めたいのなら、腹をすかせさえすればいいのにと語っている。

そのような人物だったため、真珠の価値を認めながらも、ローマ時代の真珠の熱狂については批判的なところがあった。たとえば古代ローマの軍人で政治家だったポンペイウスが、彼の軍事的勝利を祝う凱旋《がいせん》行進用に真珠をはめこんだ肖像画を作ったことがあった。それについてプリニウスは「この像が、ほんとうに真珠で現されていたのだ。ここで打ち破られたのは簡素耐乏であり、その凱旋行進をほんとうに祝賀したのは法外な浪費であった……考えても見るがよい、それは真珠でできていたのだ。大ポンペイウスよ、真珠のような金を食うものは婦人たちにとってのみ意味があるのだ。そんなものは君自身につけることはできないし、またつけてはならない真珠だ」と述べ、すでに死去しているポンペイウスにいさめるように語っている。

プリニウスはクレオパトラについても語っているが、これこそ彼が世界でもっとも有名にした故事である。

クレオパトラの真珠

プリニウスによれば、エジプト最後の女王となったクレオパトラは歴史上もっとも大きなふたつの真珠をもっていた。あるとき、クレオパトラは自分の愛人でローマの政治家のアントニウスに一回で一〇〇〇万セステルティウス（五七〇キロの黄金に相当、金一グラム三〇〇〇円とすると一七億円ぐらい）を費やすような贅沢な宴会を開くことができると述べた。しかし、アントニウスはそんなことはできないと主張し、二人は賭けをすることになった。その後、クレオパトラが素晴らしい宴会を開いたが、普段の宴会とそれほど変わったところはなかった。アントニウスがそのことを揶揄《やゆ》すると、クレオパトラは召使に命じて、酢の入った容器をもってこさせた。そして耳につけていた世界最大のふたつの真珠のイヤリングの一方をはずすと、酢のなかに入れて真珠を溶かし、それを一気に飲み干した。クレオパトラがもうひとつの真珠もだめにしようとしたとき、賭けの審判をしていたルキウス・プランクスがそれを制し、この戦いはアントニウスの負けだと宣告した。

クレオパトラの真珠は、紅海などでたまに採れるクロチョウガイのドロップ型真珠だろう。黄金五七〇キロの価値があったのに、それを酢で溶かして飲み干してしまったのだから、当時の人々の度肝を抜いても当然だった。こうして真珠といえば、クレオパトラが酢に溶かして飲む話が語り継がれることになった。

たしかに真珠は酸に弱い。しかし、真珠を酢に浸してもそう簡単には溶けないらしい。したがってクレオパトラは世界最大の真珠をごくっと丸飲みしたはずだった。

真珠はキリスト教の最高の宝石

三一三年、古代ローマ帝国はキリスト教を国教とした。以来、『聖書』はもっとも重要な書物となったが、その『聖書』も真珠を最高の宝石と見なしている。

「ヨハネの黙示録」によると、この世が終わるとき、イエスが再臨し、千年王国が誕生し、死者が復活し、最後の審判が行われる。その後、天から神の栄光に満ちた都が降りてくることになっている。ヨハネはキリストの黙示によってその光景を目撃し、次のように述べている。

都の城壁はジャスパー（赤碧玉《せきへきぎょく》）で築かれ、都は透き通ったガラスのような純金だった。都の城壁の一二の土台石はジャスパー、サファイア、エメラルド、トパーズ、トルコ石、アメシスト（紫水晶）など、一二の宝石で飾られていた。都の一二の門は一二の真珠であって、どの門もそれぞれ一個の真珠でできていた。都は神の栄光に照らされており、「命の書」に名前が書かれた者だけが入ることができる。

この記述から、新しい神の都は純金、真珠、一二種類の宝石で飾られていることがわかる。一個の真珠でできた門がどのような門なのかはイメージがつかみにくいが、その真珠の門が一二種類の宝石の土台の上に君臨していることは理解できる。真珠は他の宝石を凌駕《りょうが》する最高の宝石と見なされているようである。

『聖書』の「マタイによる福音書」第一三章にも興味深い記述がある。

「天の国は次のようにたとえられる。商人が良い真珠を探している。高価な真珠を一つ見つけると、出かけて行って持ち物をすっかり売り払い、それを買う」（新共同訳）

天の国は、一個の真珠と同じように、全財産を投げ出して手に入れるものだった。

真珠はイスラーム社会でも最高の宝石

イスラーム社会においても真珠は最高の宝石だった。

七世紀はじめに成立したイスラーム教の聖典『コーラン』には、三種類の宝石が登場する。真珠、サンゴ、ルビーである。真珠はもっとも多くて六回登場。そのうち、二回が楽園にいる人が身を飾る「金や真珠の腕輪」などとして登場し、真珠は楽園とかかわる唯一の宝石となっている。

九世紀になると、「宝石」を意味するアラビア語として「ジャウハル」が使われるようになったが、「ジャウハル」には真珠という意味もあった。(10) 日本語で花といえば桜であるように、アラビア語で宝石といえば真珠であった。

十世紀はじめのイスラーム教徒のアブー・ザイド・アルハサンは『中国とインドの諸情報』という書物のなかで、真珠は価格が莫大となっていき、宝石類のなかでもっとも貴重なものと見なされるようになったと述べている。

真珠の採取地はバハレーン島やアラビア湾の他の島々で、ここは主にアコヤ真珠だった。十一世紀には採れた真珠の半分は島を支配する首長に納められていたという記録もある。(11) クロチョウガイはオマーン沖や紅海が名高い産地で、浜に打ち上げられた死貝を拾っていた。海に潜って採取することもあったが、クロチョウガイは真珠の出る確率が低いため、どれくらい真珠が採れるかは運と神の恵み次第だった。[12]

一方、思わぬところで真珠が発見されることもあり、そうした話は羨望《せんぼう》とともに語り継がれていった。真珠貝に口を挟まれて、アラビア半島の砂漠で死んでいたキツネの口からころころした真珠が見つかり、バグダードで高く売れた話[13]、塩漬けにしようとした魚の内臓にあった貝から出た真珠をカリフが莫大な値段で買ってくれた話[14]などが有名である。

見事な真珠を得て大儲《おおもう》けするには、その真珠を現金化する必要がある。こうした逸話は、当時のイスラーム社会ではバグダードで売却できたり、カリフが買い上げてくれる換金システムが整っていたことを示している。真珠は支配者に集まる仕組みになっていた。

マルコ・ポーロの真珠情報

十三世紀になると、イスラーム圏の拡大によってヨーロッパ人はオリエントから締め出されて久しかった。インド洋はイスラーム教徒、インド人、中国人の商船が行き交う海となり、ヨーロッパ人は、アラビア半島やインドの詳しい情報をもはやもたなくなっていた。

そうしたなか、出版されたのがマルコ・ポーロの『東方見聞録』だった。十三世紀末に出されたこの書物は彼の紀行文というよりも、オリエント世界ではどこにどのような特産品があるのかが記された情報本だった。きわめて役に立つ本で、たちまち当時のベストセラーとなった。一四〇以上もの古写本などがヨーロッパ各地の図書館に残っている。

『東方見聞録』は真珠についても詳しい情報を語っており、オリエントの真珠の産地として三つの地域を挙げている。ひとつはすでに見たように日本だった。

二つ目は中国である。現在の四川《しせん》省の地域ででこぼこした形の淡水真珠が採れることや、福建《ふっけん》省の泉州《せんしゅう》には大粒の真珠や宝石、奢侈《しゃし》商品を積んだインド船が次々来航することが述べられている。

三つ目の真珠の産地は南インドとセイロン島だった。

マルコ・ポーロは南インドの真珠の王国パーンディヤ朝に立ち寄っている。パーンディヤ朝は一三二三年に滅亡するが、マルコ・ポーロが寄港したときはまだ命脈を保っていた。

マルコ・ポーロは、商人たちが船を買い、潜水夫を雇い、セイロン島とインドの浅瀬の海（マンナール湾）で真珠採取を行っていること、王に十分の一税を払い、それが王の主要な収入になっていることなどを語っている。

王の装いについては、王は腰布を巻いているが、上半身は裸で、真珠や宝石、黄金の装身具を胸や腕、足などにいくつもつけていると説明し、その外観は驚嘆に値するもので、彼ひとりの価値は立派な都市ひとつの価値に相当すると感想を漏らしている。真珠や宝石で飾るインドの装いの文化は十三世紀になっても変わっていなかった。

さらにマルコ・ポーロは、世界各地で見かける真珠と宝石は、大部分が南インドの東南側とセイロン島の産出であると語っている。

不思議なことに、マルコ・ポーロは行きも帰りもアラビア湾の中継都市ホルムズなどを通りながら、バハレーン島などの真珠採取については何も語っていない。ホルムズにはインドの真珠と宝石を積んだ船が到着するとだけ述べている。この時期、アラビア湾の真珠採りがどうなっていたのか気になるところである。

したがって、『東方見聞録』の情報によると、丸くて美しい海の真珠の産地は、日本と南インドとセイロン島だけとなるのである。

真珠がヨーロッパに届くまで

この章の最後に、マルコ・ポーロが語る真珠交易ルートについても見ておこう。

まずアラブ商人やペルシア商人がインドの港町で真珠や宝石、スパイスなどを購入する。彼らはアラビア湾に戻っていくが、インダス河口を拠点とする海賊が襲撃してくることもよくあった。すると商人たちは真珠や宝石を飲みこんで自分の体のなかに隠した。しかし、海賊たちも手馴《てな》れたもので、商人たちを捕らえると、タマリンドの実を混ぜた水を無理やり飲ませる。タマリンドは下剤効果があるため、商人たちは便意を催し、胃のなかの物を排泄《はいせつ》する。海賊たちは糞便《ふんべん》を丁寧に集めて、真珠や宝石を取り出したのだった。

無事にアラビア湾に着いた真珠や宝石は、ホルムズやバグダードに運ばれた。真珠はバグダードで孔を開けられた。その後、イラン北西部の都市タブリーズにまで運ばれた。このタブリーズこそが、ジェノヴァ商人などのラテン商人が押しかける町であった。彼らはここで真珠や宝石、スパイスを入手、ヨーロッパに持ち帰ったのである。

こうした貿易は東方貿易と呼ばれていた。イタリア人はこの貿易を独占し、莫大な利益を上げていた。ただ、真珠や宝石はイスラームの首長たちにも人気が高いため、アラブ商人やペルシア商人もそう簡単には売らなかった。真珠取引ではいつの時代も売り手のほうが強かった。しかし、大航海時代が始まると、真珠を頭を下げていただく時代はついに終わりを告げるのである。

第四章　大航海時代の真珠狂騒曲

マルコ・ポーロは『東方見聞録』のなかで、オリエントではインドと日本で美しい海の真珠が採れることを報告した。これらの地域への到達は十五世紀のヨーロッパ人の悲願だった。彼らが船で向かうには、次の三つのルートがあった。

一　エジプト・紅海・インド洋ルート
二　アフリカ大陸を迂回《うかい》する東方ルート
三　大西洋を突っ切る西方ルート

一番便利なのは、エジプト・紅海・インド洋ルートであった。ただ、このルートはイスラーム教徒に牛耳られていて利用できなかった。したがって、東方ルートか、西方ルートかの選択になる。東方ルートではポルトガルが先行しており、一四八八年にアフリカ南端の喜望《きぼう》峰《ほう》まで達していた。

一方、西方ルートは、地球が丸いことを前提に、大西洋を西に進むコースである。それだと東方の一番端にある日本に最初に到着する。日本では真珠と黄金が得られるはずだった。当時の人々は西方ルートを無謀だと考えていたが、スペインが支援するクリストファー・コロンブスはその可能性を信じていた。

こうして西方ルートのスペインと東方ルートのポルトガルのオリエント到達競争が始まった。両国の激しいつばぜり合いが続くなか、真珠の産地における狂騒と殺戮も幕を開けたのである。

コロンブスの第一回航海

スペインとポルトガルのオリエント到達競争は、一四八四年、ポルトガルのジョアン二世がコロンブスの西方ルートの企画を却下したときから始まった。失意のコロンブスはポルトガルを去り、スペインに渡った。一四九二年一月、グラナダのイスラーム王朝が滅亡すると、余裕が出たイサベル女王とフェルナンド国王がコロンブスの西方ルートを了承した。

同年八月、コロンブスの船隊はスペインを出航。大西洋を突っ切って進み、十月十二日、カリブ海バハマ諸島の一島に到達。この島こそがコロンブスが最初に到達した新世界の地で、彼はサンサルバドール島と命名した。その後、キューバ島やエスパニョーラ島などに寄港した。

コロンブスは真珠を発見できなかったが、わずかの金製品と綿糸や綿布などを入手し、これらの地域がインディアスであると考えた。コロンブスのいうインディアスとはインド亜大陸のインドというよりも、中国や日本などの極東を含む広義のアジアという意味だった。

一四九三年一月、コロンブスは帰国の途についた。帰国直前の三月四日、嵐《あらし》にあってリスボン港に緊急停泊した。そのさい、ポルトガルのジョアン二世に謁見した。宮廷史家のルイ・デ・ピナによると、コロンブスはジョアン二世に向かって、西方ルートの企画を却下したのは陛下の失敗だったと述べたので、王は立腹したそうである。三月十五日にコロンブスの船隊はスペインに帰還。大歓迎を受けた。

コロンブスの第二回航海

それからわずか半年後の一四九三年九月、コロンブスは第二回の航海に出発した。この航海ではコロンブスと乗組員をほんの一瞬喜ばせる出来事が起こった。一四九四年五月か六月ごろ、キューバ島沖を航行中に、真珠貝と思われる大量の貝を発見したのである。

この航海に参加したミケーレ・デ・クネオが書いている。

「この白い海で……真珠貝を多く見つけました。これらの貝を見て、裕福になるとだれもが本気で思いました。我々は、たぶん五、六隻にのぼる端艇がいっぱいになるほど貝を採り、すべての貝を開けましたが、真珠は一粒も出ませんでした。とはいえ、食料にするには申し分ありません」（青木康征《あおきやすゆき》訳を一部変更）

彼らは貝をやけ食いしたことだろう。カリブ海のキューバ島やバハマ諸島などは美しい海があるのになぜか真珠が採れない地域だった。彼らは牡蠣《オイスター》と真珠《パール・オイスター》貝を混同したのかもしれなかった。

バスコ・ダ・ガマのインド到達

一四九六年六月、コロンブスは第二回航海から帰国した。インディアスを発見したという割には真珠や宝石、コショウやクローブなどのスパイスは持ち帰ってこなかった。

こうした状況にほくそえんでいたのが、ジョアン二世の後を継ぎ、ポルトガルの新国王になったマヌエル一世だった。一四九七年七月、彼はバスコ・ダ・ガマを司令官とする四隻の船隊を東方ルートで送り出した。

ガマの船隊はアフリカ大陸を迂回して航行し、ついにインド西岸のカリカット（現コジコーデ）に到着した（図版4－1）。ポルトガルを出てから十一ヵ月目のことだった。カリカット王はヒンドゥー教徒だったが、この王国では多くのイスラーム商人が貿易に従事していた。

ガマはカリカット王への献上品として帯や頭巾《ずきん》、帽子、サンゴのネックレスなどを用意していたが、王の家臣たちはそれらを貧相な品物だと嘲笑《ちょうしょう》し、ガマも落ちこむ始末だった。し

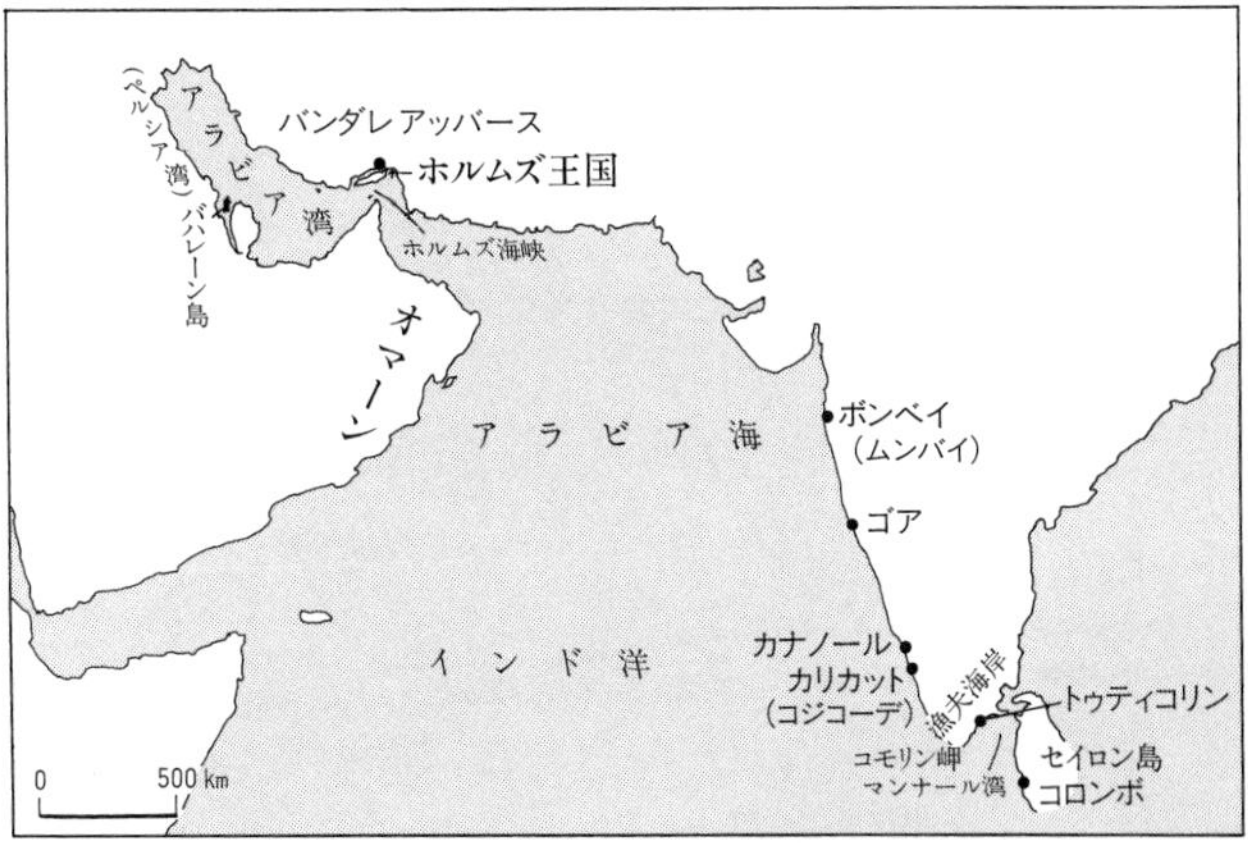

4－1　ポルトガルが支配したホルムズ王国と南インドの漁夫海岸

かし、インドではクローブ、シナモン、コショウ、宝石などが思った以上に安く買えた。インドを去って約十ヵ月後の一四九九年七月十日、ガマの船隊の一隻がまず帰還した。

　マヌエル一世は早くもその二日後にスペイン国王夫妻に手紙を書いた。手紙で、ガマがインドを発見し、シナモン、クローブ、生姜《しょうが》、ナツメグ、その他、さまざまなスパイスや多くの宝石をもたらしたことを報告し、次のように述べている。

「私は両陛下がこの報告に非常に喜び、満足されることと存じますので、この知らせをお送りすることを喜びとするものであります」

（生田滋《いくたしげる》訳）

　西方ルートでスペインに出し抜かれたポルトガル王の溜飲《りゅういん》が下がった瞬間だった。

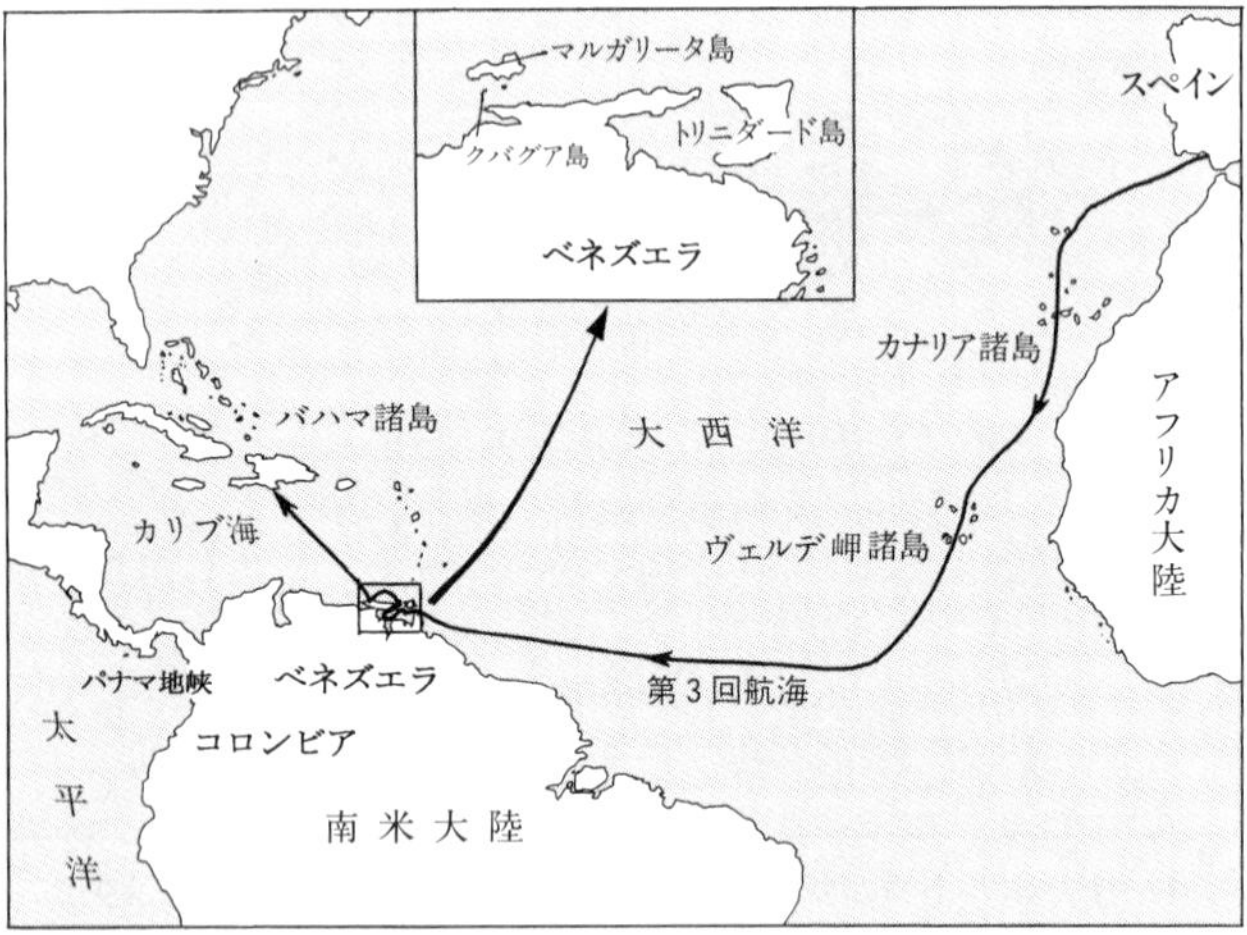

4－2　新世界の真珠の産地、マルガリータ島とクバグア島

ベネズエラの真珠の発見

しかし、このとき、状況はすでに変わっていたのである。ガマが二年もかけてインドに行っている間に、片道一ヵ月で到達できる西方ルートの「インディアス」ではついに真珠が発見されたのだった。

一四九八年八月、コロンブスは第三回航海で南米大陸のベネズエラに到達し、そこの住民が美しい布で頭や腰を巻き、真珠や黄金のブレスレットやネックレスで裸体を飾っていることを発見した。第一回航海でも第二回航海でも姿を見せなかった真珠がついに現れた瞬間だった（図版4－2）。

マルコ・ポーロの『東方見聞録』には、腰布を巻き、真珠や宝石、金製品で裸体を飾るインドの王のことが記されていた。ベネズエラ沿岸部ではまさにインドを思わせる光景が広がっていたのである。真珠はインドか日本でしか採れないのだから、この地の真珠はインドに到達した何よりの証だった。コロンブスはこの光景を見て嬉《うれ》しくなった。神に感謝を捧げ、この地を恩寵《おんちょう》（グラシア）の地と命名した。

コロンブスが勘違いしても仕方なかったかもしれないが、このベネズエラこそが、大航海時代に発見されたアコヤ真珠の大産地だった。ベネズエラのカリブ海沖にはベネズエラアコヤガイ（***Pinctada imbricata***）が大量に生息し、透明感のある美しい真珠を生み出していた。ベネズエラの先住民はそうした真珠で作ったネックレスで裸の上半身を飾り、真珠のイヤリングや鼻輪などもつけていた。インド同様、温暖な真珠の産地が生み出した真珠で飾る装いの文化だった。

世界史ではこのコロンブスのベネズエラ到達はふたつの意味をもっていた。

ひとつはコロンブスが初めて新大陸に到達したことだった。しかし、コロンブス自身は自分が新大陸に到達したことを認識していなかった。この地が新大陸だと気づいたのは、一五〇二～〇三年ごろのアメリゴ・ヴェスプッチだった。

もうひとつは、ベネズエラはオリエントに代わる新たな真珠の産地になったことだった。

南米真珠狂騒曲

さて、ベネズエラに到達したコロンブスが、その地の住民に真珠をもってくるよう命じると、一ファネガ（五五リットル）もの真珠が集まった。しかし、国王夫妻にはそのことをきちんと報告せず、彼らに献上した真珠も一六〇個から一七〇個とわずかだった。そのためコロンブスは後で責められることになった。コロンブスとしては真珠の産地の発見をはっきり言いたくなかったが、勘のいい航海者たちはこの事実を見逃さなかった。一四九九年には五つの遠征隊がベネズエラに向かって出発していった。

当時のベネズエラ社会は首長制で、農業経済が発達し、人口は多かった。ただ、インドのように船の入港を監視したり、関税をかけたり、ヨーロッパ人の商品にケチをつける官憲はいなかった。むしろベネズエラの人々は親切で、宴会を開いて遠来の客を歓待し、水や食料をくれ、船の修理を手伝ってくれた。

そうした人々にスペイン人たちは鈴やガラス玉、針や留めピンなどの安物の品々を渡し、代わりに彼らが身につけていた真珠や金製品の装飾品を要求した。一四九九年のオヘーダ船長の遠征隊に参加したアメリゴ・ヴェスプッチは一五〇二年の私的書簡のなかで、鈴一個との交換で先住民から一五七個の真珠をもらったと報告している(1)。ゲーラとニーニョの遠征隊はベネズエラへの航海で一五〇リブラ（約七五キロ）以上の真珠を入手した(2)。

こうしてベネズエラは安物との物々交換で真珠や黄金が得られる宝の山となった。一攫千金《いっかくせんきん》を夢見る航海者や征服者が次から次へと押し寄せた。彼らは暴力を使い、住民を威嚇。集落の首長を人質に取り、彼を拷問することで、真珠や黄金を徹底的に収奪した。真珠や黄金が見つからなければ見つからないで、腹いせのために人々を殺害した。

ベネズエラの先住民はスペイン人の非道な行為に憤りや敵意を覚えるようになり、二度と彼らの上陸を許そうとはしなかった。住民は毒矢で防戦したが、最後に勝つのはスペイン人だった。戦いに敗れた先住民は捕虜として捕獲された。それればかりでなく、普通に暮らしていた先住民も突然のスペイン人の来襲で捕まった。ヴェスプッチは、ベネズエラからの帰国時に立ち寄った島で二三二人の先住民を力ずくで捕まえたと記している[3]。

捕獲された先住民はスペインまで連行され、奴隷として売却された。彼ら自身が換金商品となったのである。大航海時代初期の新世界の物品は、真珠、黄金、先住民だった。

真珠二個が奴隷の値段

奴隷とされた先住民はいくらで売られたのだろう。実は当時の文献を調べると、真珠二個の値段は奴隷ひとりの値段とほぼ同等だったという驚くべき数字が見えてくる。

ヴェスプッチの一五〇二年の私的書簡には、鈴一個との交換で先住民から一五七個の真珠をもらい、それには三七万五〇〇〇マラベディの値打ちがあったと記されている[4]。真珠一個に換算すると二三八九マラベディとなる。

一方、十六世紀のスペイン人神父バルトロメ・デ・ラス・カサスが書いた『インディアス史』によると、コロンブスは一四九六年時に先住民の奴隷四〇〇〇人の売却で二〇〇〇万マラベディの収益が出ると計算していた。(5) 奴隷ひとりの値段は五〇〇〇マラベディとなる。つまり真珠一個は二三八九マラベディ、奴隷ひとりは五〇〇〇マラベディである。ほぼ真珠ふたつで奴隷ひとりの値段となる。重量で見るともっと衝撃的である。真珠を直径五・二ミリのアコヤ真珠とすると、その重さは〇・一グラム。二個で〇・四グラムである。この〇・四グラムが人の値段とほぼ同じだった。

クバグア島の真珠採取

ベネズエラの真珠の産地は、カリブ海に浮かぶマルガリータ島(真珠島)という大きな島の海域だった。緑豊かなマルガリータ島には多くの先住民が暮らしており、青く静かな海は絶好の真珠の採取地だった。島は真珠取引の中心地でもあった(図版4―2)。

当初スペイン人たちは先住民が所有する真珠や黄金を収奪していたが、それが底を突くと、マルガリータ島のすぐ南のクバグア島を拠点に真珠採取を行うようになった。クバグア島は無人島だったため、先住民の襲撃がなく、スペイン人が入植しやすかったのである。一五一〇年ごろから五十人以上の人々が掘立小屋を建て住みつくようになり、最盛期には千人を超す住民が生活した。

真珠採りをするといっても、スペイン人が海に潜ったのではなかった。彼らはカリブ海のバハマ諸島で捕まえた先住民をクバグア島まで強制連行し、彼らを海に潜らせた。バハマの先住民は泳ぎがうまいので、真珠採りにはうってつけだった。この真珠採りの様子をラス・カサスが『インディアス史』のなかで描写している（図版4－3）。

インディオはカヌーに乗せられ、水深六メートルから八メートルの沖に連れていかれる。真珠採りの作業は日の出から日没まで続き、インディオはこの間ずっと泳ぎつづけなければならないし、腕の力で体を支えていなければならない。水面に現れて息継ぎなどでぐずぐずしていると、スペイン人の監督から早く潜るよう棒で殴られる。彼らはいったんこの島に連行されてきたら最後、死ぬまでこうした生活が続く。食べ物は満足に与えられず、寝床は地べたに直接木の葉や草を敷いただけ。しかも脱走を防ぐため足には鉄の鎖がかせられる。インディオが水中

Perlarum insula ob vnionum copiam sic dicta. XII.
12
TERTIA in Indiam expeditione, Columbus sinum Pariensem ingressus, Cubaguam appulit, quam ipse Perlarum Insulam nuncupauit, quia quum eum sinum nauibus percurreret, Indos è lintre ostreas piscantes conspexit: quas edules esse rati quum aperuissent Hispani, plenas vnionibus repererunt, vnde magna illis lætitia oborta. Peruenientes ad littus in terram egrediuntur, vbi mulieres Indicas pulcerrimos vniones collo & brachijs gestantes obseruant, quos vilibus rebus redimunt.
D
Colum-

4－3　クバグア島の真珠採りを描いた16世紀のテオドール・ド・ブリのイラスト（『アメリカ』より）（Bari, *Pearls.*）

へ潜ったまま再び姿を現さないこともあるが、それは疲れ果てて、そのまま溺《おぼ》れてしまったか、サメやワニに殺されたり、呑《の》みこまれたりするからだ。

「わが同胞たち（スペイン人）は彼らインディオに対して、地獄のような日々の生活を強制するために、その結果、彼らの大部分の者は短期間のうちに、精根尽き果てて絶命してしまう。なぜならば、日々の生活の大部分を、水の中で息を止めて過ごす人間が、生きてゆくことが一体可能であろうか……水の中で呼吸を止めて過ごすために、胸が強く圧迫されるだけでなく、水の冷たさが体をこわしてしまい、彼らは口から血を吐き出し、血の下痢をしながら死んでゆくのが普通である」（長南実訳）

真珠採取が先住民を絶滅させた

こうして真珠採りに従事させられた先住民は次々と死亡していった。スペイン人は慢性的な労働力不足を解消するため、バハマ諸島で徹底的な人間狩りを実施した。これについてラス・カサスは次のように書いている。

「真珠の採取による利益が日ごとに増大していった……（スペイン人たちは）ユカーヨス（バハマ）諸島に赴いてそこに残っているわずかばかりのインディオを、しらみつぶしに捜し出して捕獲した……真珠採りに投入されたユカーヨ・インディオたちは例外なく消耗し、結局死滅していった」

別の箇所ではこのようにも述べている。

「エスパーニャ人たちは彼ら（バハマ諸島の住民）を全部船に乗せて、その小島（クバグア島）へ運んで行ったのである。そして、金鉱で金を採掘するよりもずっと苛酷《かこく》な……危険きわまる作業に従事させた結果……彼らを殺戮し、絶滅させてしまった……あまたの島々に無数に住んでいたひとびとは、このようにして死に絶えたのである」

これまでラテンアメリカ史では、カリブ海の先住民絶滅の原因は先住民の奴隷化や虐待、疫病による病死、それに自殺などに帰されてきた。しかし、ラス・カサスを読むと、真珠採取も住民絶滅の大きな要因だったことが明らかになる。コロンブスが最初に到達したバハマ諸島は、新世界で最初の住民絶滅の地となったのである。スペイン人の真珠への執念がひとつの地域の住民を消滅させたという歴史的事実は忘れてはならないだろう。

その後、スペイン人はマルガリータ島やベネズエラ沿岸部でも人間狩りを実施するようになり、クバグア島に送りつづけた。先住民の集める真珠のおかげでクバグア島は繁栄し、真珠採取業は当時もっとも儲かる仕事となった。クバグア島の名はスペイン全土、ヨーロッパ全土に鳴り響いていた。

エンリケ・オッテの『カリブ海の真珠』によると、クバグア島の真珠の生産量は一五二二年から二六年まで年平均八〇〇キロを誇り、一五二七年には一三八〇キロの最高額を記録した。直径五・二ミリ、〇・二グラムのアコヤ真珠とすると、一三八〇キロは六九〇万個の真珠となる。

パナマのクロチョウ真珠の発見

中南米ではパナマクロチョウガイの大粒真珠も知られるようになった。

一五一三年、スペイン人はコロンビアからパナマ地峡を越えて、ついに太平洋を「発見」したが、パナマの太平洋側こそがパナマクロチョウガイという大型真珠貝の生息地だった。この貝は灰色や鉛色の大粒真珠やドロップ型真珠を生み出したが、白色の真珠を作るときもあった。これまでクロチョウ真珠の産地といえば、アラビア湾と紅海だったが、パナマという大粒真珠の産地も加わることになった（図版4―4）。

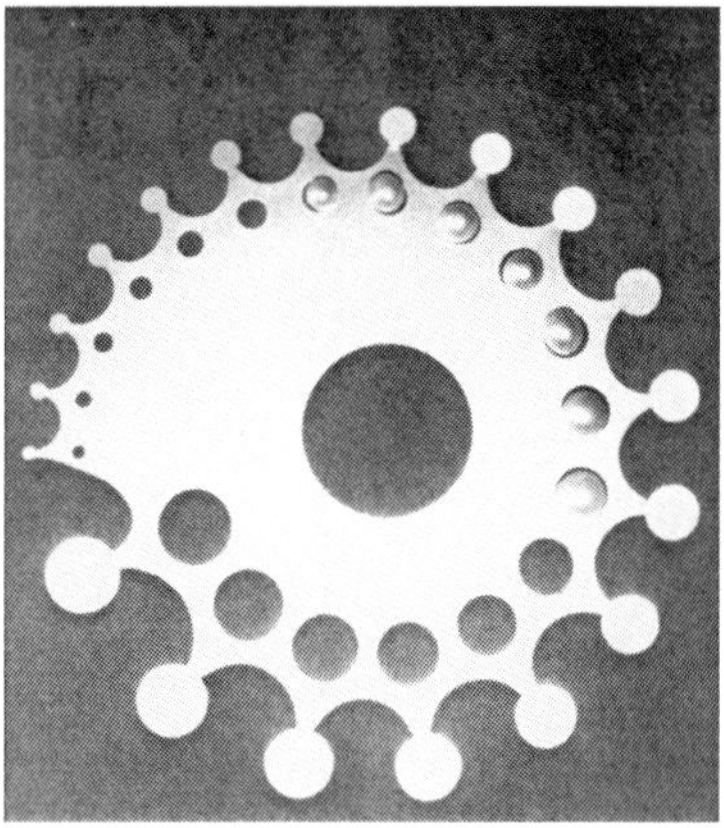

4―4　新世界の真珠測定器、ペルリメトロ　小粒真珠から大粒真珠まで採れていたことを示している（Fernando Cervigón, *La Perla.*）

パナマの先住民たちは長い年月をかけて集めた真珠の籠《かご》をいくつももっていた[6]。しかし、スペイン人がこの地に到達すると、彼らの真珠は徹底的に略奪された。その後、パナマの太平洋側でも先住民を使役する真珠採取が行われるようになった。

歴史で南米の富といえば、インカの金銀財宝とポトシの銀が有名だろう。しかし、インカ帝国の発見は一五三二年で、ポトシ銀山の発見は一五四五年である。それ以前の南米の富となったのはコロンビアの金とともに、パナマとベネズエラの真珠だったのである。

ポルトガルが苦戦したインド洋交易

このあたりで東方ルートのポルトガルに再び目を向けることにしよう。ガマがインドに到達して、スペインを出し抜いたと舞い上がったマヌエル一世であったが、あれよあれよという間にスペインの真珠の大量入手を見ることになった。

東方ルートのインド航海はたしかに富をもたらした。しかし、そう簡単な航海ではなかった。往復で一年半から二年かかり、壊血病で死者は続出。寄航する港には敵が多かった。持参した商品はケチをつけられ、買い叩《たた》かれて、プライドは傷つくばかり。インドの商人たちが欲しがる黄金もポルトガル人はそれほどもっていなかった。

したがって、インドのスパイスや財宝を得るもっとも有効な方法は、武力を使うことだった。一五〇二年、インド洋に再び到着したガマの船隊は、乗客三〇〇人の大型船を襲撃した。財宝を奪うと、船に火を放ち、数名の子どもを除いて乗客全員を殺害した。カリカット王との交渉が難航すると、その住民三二人を殺害。死体をマストに吊《つる》して射撃の的にした後、切り刻んだ死体をカリカット王に送りつけた。この後、ガマはインド西南側のカナノール王国の王などから商館を開設する許可を得た。

こうしてインドに地歩を得たポルトガル人はインド人、アラブ人、ペルシア人商人たちが行うインド洋交易を観察するようになった(7)。するとひとつの傾向が見えてきた。

真珠と馬がインド洋交易の切り札

アラビア湾のアコヤ真珠、クロチョウ真珠、アラビアとペルシアの馬がインドに運ばれ、インドのコショウ、クローブ、生姜、カルダモンなどがアラビア方面に向かうのである。

真珠と馬が、インドのスパイスと交換できる重要な交易品であるようだった。灼熱《しゃくねつ》のインドの地では馬は長生きできないため、インドは早くから馬の輸入国、消費国となっていたのである。真珠についても、アコヤ真珠の産地は南インドに限られていたため、他のインドの王朝は真珠に憧れを抱いていた。インドでは採れない大粒クロチョウ真珠も人気があった。

十四世紀になるとアラビア湾の真珠採りは活況を呈するようになっていた。アラビア湾の入り口にあるホルムズ島は、真珠をはじめ、アラビアやペルシアの馬、インドのスパイスや綿織物など、あらゆるオリエントの財宝が集まる交易の一大拠点だった。島は、イスラーム教徒のホルムズ王国が支配していた。世界がひとつの指輪だとしたら、ホルムズは指輪にはめこまれた宝石だといわれていた(8)。

ホルムズ王国の征服

一五〇七年九月末、アフォンソ・デ・アルブケルケというポルトガル人司令官が率いる船隊がホルムズ沖に姿を現した。彼らはいきなり、ホルムズ市内に向かって砲撃。その後、ホルムズの人々にポルトガル王の臣下となるよう要求した。ホルムズ側が拒否すると、翌朝から激しい戦闘となった。

バロスの『アジア史』によれば、ポルトガルとホルムズの船隊の衝突は地獄さながらの光景だった。ホルムズ勢は一二〇以上の船で防戦したが、多くの船が撃沈された。ポルトガルの本土上陸が迫ると、ホルムズの人々は、服従は死に等しいが、生きていれば回復の手段があるという理由で、ポルトガルに降伏した。

その後、ホルムズは反旗を翻したが、一五一五年に再び征服された。ホルムズはポルトガル人長官に統治され、バハレーン島にはポルトガル人の商務官が派遣されていた。彼らはアラビア湾で採れる真珠を徴収した。真珠採取自体はアラブ人やペルシア人の船主が行っていたが、ポルトガルはアラビアの真珠をついに掌握したのである。

ポルトガルがホルムズを狙《ねら》ったのはこの島がインド洋交易の中心地で、地勢的に重要だったからである。ただ、この地が真珠の集散地だったことも忘れてはならないだろう。

南インドの真珠採りの民

ポルトガルは南インド東南側の真珠の産地にも目を向けた。

かつてこの地には真珠の王国として名高いタミル民族のパーンディヤ朝が千七百年にわたって君臨していた。パーンディヤ朝は一三二三年に滅亡したが、するとこれまでパーンディヤ王の庇護《ひご》の下にあった真珠採りを専門とする海の民の存在が明らかになった。彼らはタミル人のカースト集団だった。(9) 十五世紀はじめになると、この真珠採りの民を支配下に置こうと、ヒンドゥー教徒の諸王やイスラーム教徒たちが侵略を繰り返していた。ちょうどそのころ現れたのがポルトガル人だった。

ポルトガル人はこの真珠採りの民をパラワス人（あるいはパラバス人）と呼び、パラワス人が暮らす南インド東南側の海岸を漁夫海岸と呼んでいた。一五二〇年代になるとポルトガル人長官がこの漁夫海岸を支配するようになった。パラワス人の集団改宗も実施して、彼らから真珠採取税を取るようになった。しかし、規律が乱れはじめたので、パラワス人を再び信仰に導く必要があった。そこでインドに派遣されたのが、イエズス会の宣教師フランシスコ・ザビエルだった。

フランシスコ・ザビエルと真珠採りの民

一五四二年五月、ザビエルはインドのゴアに到着し、コモリン岬からトゥティコリンにいたる漁夫海岸で布教活動に乗り出していった。ザビエルはきわめて精力的な人で、一日で村中すべての漁夫に洗礼を授けることもあれば、一ヵ月で一万人の漁夫を改宗させたこともあった。彼はタミル語に訳した福音を暗記しており、キリスト教の祈りの仕方や教理をパラワス人に教えていった。

ザビエルのもうひとつの任務は、信者になったパラワス人にきちんと真珠採りをさせることであった。助手に宛《あ》てた手紙のなかで、不従順者は真珠採りに参加させないように指示を出し、別の手紙では、夫が真珠漁で不在のとき、ヤシ酒を飲む女を見つけたら、罰金を払わせ、三日間拘留するようにと命じている。真珠漁から戻ってきた男たちのなかに病人がいれば、彼に福音書を読み、深い愛情で接するようにと語る手紙もある[10]。

ザビエルは、セイロン島の北西側にあるマンナール島にも助祭を派遣して、約一〇〇〇人のパラワス人をカトリックに改宗させたことがあった。しかし、その後、セイロン島のジャフナ王の巻き返しで信者約六〇〇人が虐殺された。ザビエルはインド総督に遠征軍を依頼したが、うまくいかず、次第に挫折《ざせつ》感を感じるようになった[11]。結局、違う土地を目指すことになり、一五四九年、ついに日本の鹿児島に上陸する。

ザビエルの漁夫海岸での布教活動は、日本ではそれほど関心を集めてこなかった。しかし、次のふたつの点で重要である。

ひとつは、ザビエルの布教活動は真珠の産地のキリスト教化という側面があったことである。ザビエルが活動した漁夫海岸は旧パーンディヤ朝の版図であり、紀元一世紀の『エリュトゥラー海案内記』では罪人が真珠採取を行っていると記された地域であった。イエズス会の布教は、カトリック教徒の潜水夫を作り出すという目的ももっていたのである。一五五二年ごろには南インドの漁夫海岸（東南側）と西南側の海岸で五万人程度のカトリック信者がいたと考えられている。[12]

もうひとつの重要性は、真珠採りを専門とする民の存在を明らかにしたことだった。実はアラビア湾にもバヌー・サッファーフと呼ばれるアラブ系の真珠採り集団が存在しており、十四世紀のイブン・バットゥータが彼の旅行記のなかで言及している。[13] こうした真珠採りの民族集団については、研究がまだ十分進んでいないが、日本の海人との比較からも興味深いように思われる。

ポルトガルが制したセイロン島の真珠の産地

ポルトガルはセイロン島の支配も進めていった。セイロンの名高いシナモンを得るため、一五一七年に島の南西部のコロンボに商館を置き、一五六〇年には島北西部にあるマンナール島を奪い取った。これによってセイロン島とインドの間のマンナール湾はポルトガルが支配する海となった。

一五九六年に『東方案内記』を出版したオランダ人のリンスホーテンによると、ポルトガル国王は、夏の真珠採りの時期には、この地に指揮官と兵士を駐留させて、三、四千名を超える潜水夫を監督させていた。リンスホーテンは語っている。

「カボ・デ・コモリーン（コモリン岬）のあたりでは、毎年きまって大勢の潜水夫が溺死《できし》したり鮫《さめ》に食われたりする。それゆえ、漁期が終わるころともなれば、あちこちから亡き夫、父親を慕い求める妻や子らのむせび泣き、叫び声が聞こえて哀れを覚える。こうして来る年来る年同じ惨事が繰り返されるのだ」（岩生成一他訳、以下同じ）

さらにリンスホーテンは、潜水夫が集めた真珠貝からその日のうちに大小の真珠が取り出されること、それらの真珠の最初の一山は国王、次の一山は指揮官と兵士ら、その次はイエズス会修道士ら、そして残りは潜水夫らに、厳重な監視と公正の下に分配されると述べ、次のように続けている。

「イエズス会修道士に配分されるのは、かれらは当地で僧院を経営し、初めてこの地の人々をキリスト教の信仰にみちびいた功績によるのである」

ザビエルたちの漁夫海岸での布教は、真珠からの収益できちんと報われていたのである。

ザビエルの日本上陸

一五四九年八月、ザビエルはアンジローという日本人やコスメ・デ・トーレスとともに鹿児島に上陸した。平戸《ひらど》、山口、京都などに行った後、一五五一年に離日した。後を託されたトーレスは、長崎県西彼杵半島の横瀬浦《よこせうら》に拠点を置いた。彼杵は『肥前国風土記』にも謳《うた》われた真珠の備わった土地であり、真珠の大産地の大村湾を擁していた。つまり日本でもイエズス会が拠点にしたのは真珠の産地だったのである。これは意図的なのだろうか、それとも偶然なのだろうか。少々気になる史実である。

スペインとポルトガルの激しいオリエント到達競争で、当初の目的だった日本の真珠の産地に到達したのはポルトガルだったのである。しかし、日本では豊臣秀吉《とよとみひでよし》が一五八七年に伴天連《バテレン》追放令を公布。江戸時代になると、鎖国が始まった。ありがたいことに、日本の真珠の産地はヨーロッパ人から忘れられることになった。

大航海時代、ヨーロッパ人は新世界の真珠と旧世界の真珠を支配するようになった。ベネズエラやパナマの真珠はセビージャ（セビリア）に送られ、バハレーン島、インド、セイロン島の真珠はリスボンに送られた。この章の後半では、そうした真珠がヨーロッパでどのように使われたのかを見ていこう。

エリザベス一世のパナマクロチョウ真珠

まずイギリスのエリザベス一世の「アルマダ・ポートレート」（カラー図版11）を見てみよう。「アルマダ・ポートレート」は一五八八年にイギリス艦隊がアルマダと呼ばれたスペインの無敵艦隊を撃破したことを記念して描かれたもので、三つの作品が知られている。これはジョージ・ガワーという画家が一五八八～八九年ごろに描いたものである。

エリザベス女王は、大粒のドロップ型真珠を並べるように髪に飾り、首を絞めるようなラフ（レースの襟）をつけ、その下に六連の大粒真珠のネックレスをつけている。真珠といえば品よく美しいものなのに、使い方次第では奇抜な出《い》で立《た》ちになることも示している。女王の過剰な真珠は、当時、大量の真珠がヨーロッパに入っていたことを示すものだろう。

興味深いのは、ドロップ型真珠や大粒真珠は、カラーで見ると、灰色や鉛色に描かれていることだろう。これらの真珠はおそらくパナマクロチョウ真珠だろう。実際、女王の右手は地球儀のパナマ地峡あたりに置かれている。その地域こそが大粒で灰色の真珠の産地であり、ポトシの銀が運ばれてくるところだった。肖像画はその地の領有をほのめかしているようにも思われる。

私たちはエリザベス一世の真珠の装いに驚くが、実は当時の人も目を見張ったようである。ドン・ビルヒニオ・オルシーニというイタリア貴族は、女王はすべて白で装い、過剰なほどの真珠をつけ、刺繍をほどこし、ダイヤモンドもつけていたが、私はどうしてそれだけたくさんつけていられるのかびっくりしたと述べている(14)。

エリザベス女王はその装いから、史上、もっとも真珠が好きだった人物のひとりと見なされている。

エリザベス・テイラーのドロップ型真珠

パナマクロチョウガイのドロップ型真珠は実物も残っている。それが「ラペレグリーナ」

4－5　ラペレグリーナ真珠をつけたエリザベス・テイラー
（カイ・ハックニー他『Pearl & People』）

（巡礼女）と呼ばれる真珠である。大きさは公表されていないようだが、写真（図版1－6）などから判断すると、二センチ以上はあると思われる。

この真珠は十六世紀半ば、パナマ湾あたりで発見され、スペイン王室に献上された。一五五四年、スペインのフェリペ王子（後のフェリペ二世）がイギリスのメアリー一世と結婚したさい、彼女にこの真珠をプレゼントした。フェリペ王子は三十八歳のメアリー一世が思ったより老けていたのにがっかりしていたが、メアリー一世はこの真珠を喜んだようである。真珠のペンダントをつけた肖像画（カラー図版4）を何枚も制作させている。

メアリー一世が死去すると、真珠は再びスペイン王室の所有となり、ラペレグリーナと呼ばれるようになった。十九世紀はじめ、ナポレオンの兄のジョゼフ・ボナパルトがスペイン王になると、真珠はナポレオン一族の所有となった。十九世紀後半、ナポレオン三世はイギリスに逃亡し、生活費捻出《ねんしゅつ》のために真珠はイギリス貴族に売却された。

一九六九年、ラペレグリーナ真珠はオークションにかけられた。ハリウッド女優エリザベス・テイラーの夫のリチャード・バートンが三万七〇〇〇ドルで落札。アメリカでもっとも有名な真珠となった（図版4－5）。二〇一一年、テイラーが死去すると、再びオークションにかけられた。一一五〇万ドル（当時約九億二〇〇〇万円）で落札されて、大きな話題となった。購入者は報道されていないようである。バートンは日本の養殖真珠の席巻で天然真珠の価格が下がっている時期に買ったが、四〇年後、三一一倍の高騰となった。

アコヤ真珠の優美なドレス

アコヤ真珠の美しいドレスも見ておこう。カラー図版12はイギリス国王チャールズ一世の妃《きさき》ヘンリエッタ・マリアの一六三五年ごろの肖像画である。チャールズ一世は清教徒革命で一六四九年に処刑されるが、この肖像画は二人が幸せだった時期に描かれたものである。巻き毛の可愛《かわい》らしいヘンリエッタ・マリアは、光沢のある濃緑色のドレスを着ている。ドレスには透明感のある美しい真珠が幾何学模様を作りながら刺繡されていて、優美で豪華な衣装となっている。大量の真珠を使っているが、エリザベス一世のころとくらべると、真珠の使い方は洗練されている。

透き通ったような丸く美しい真珠がこれほどまでにそろうのは、やはりアコヤ真珠だろう。チャールズ一世の時代、イギリスはペルシア沿岸部のバンダレアッバースに商館をもっていた。これらの真珠はアラビア湾産かもしれない。

バロック真珠の工芸品

大航海時代になると、いびつな大粒真珠も知られるようになった。クロチョウガイは円形の大粒真珠やドロップ型真珠ばかりでなく、ゆがんだ真珠も作り出す。フィリピンなどに生息する世界最大のシロチョウガイも同様である。天然真珠時代は変形真珠のほうが多かった。

インドではそうした真珠の需要も高かった。そのためゴア在住のポルトガル人はアラビア湾クロチョウガイの真珠を入手しては、せっせとインドに運んでいた。[15] いびつな真珠はポルトガル語では「バローコ」と呼ばれたが、フランスなどに入って「バロック」となり、十七〜十八世紀の芸術の一様式の名称となった。

もともとポルトガル人は真珠、とくにアラビア湾アコヤ真珠を「アルジョーファル」と呼んでいた。「アルジョーファル」は、アラビア語で「宝石」とか「真珠」を指す「ジャウハル」からきた外来語だった。しかし、クロチョウガイやシロチョウガイの大粒真珠が登場するようになると、「アルジョーファル」は次第に小粒真珠やケシ真珠を指すようになった。[16] 大粒真珠には「ペロラ」が使われた。

このように大航海時代は大小さまざまな真珠が知られるようになったが、バロック真珠はバロック真珠で、ヨーロッパの金銀細工師たちの創造力を刺激した。ゆがんだ真珠のユニークな形状をどのように使うかが、彼らの腕の見せどころだった。カラー図版3は、ふたつの大粒バロック真珠を雄羊の胴体としたペンダントである。母貝はクロチョウガイと考えられている。天然真珠の面白さを教えてくれる名品といえるだろう。

真珠の価格は六分の一に

こうして真珠はヨーロッパに流入していった。

スペインの聖職者ホセ・デ・アコスタは一五九〇年の『インディアス自然史および精神史』という書物のなかで、かつて真珠は王族だけが所有すると考えられていたが、いまでは真珠はふんだんにある、そのあたりにいる婦人の帽子や帯、ショートブーツやサンダルなどにも真珠を刺繍したものが見受けられると述べている。

オランダ人のリンスホーテンは一五九六年の『東方案内記』のなかで、色や光沢のいい一カラットの真珠ならば三七五マラベディの値打ちがあると述べている。[17] 一カラットは当時約〇・二グラムなので、五・二ミリの真珠である。一四九九年にアメリゴ・ヴェスプッチがベネズエラで真珠を発見したときは、一個二三八九マラベディだった。このふたつを比較すると、百年間で真珠の価格は六分の一に下落したことになる。

ただ真珠というのは不思議な宝石で、大量にもたらされても、価格が下がっても、その人気に陰りは出なかった。むしろ価格が下がれば、市民階級まで真珠に熱狂するようになった。

ヴェネツィアの真珠制限令

そのためドイツやフランス、イタリアなどのいくつかの市は真珠制限令や贅沢禁止令を公布した。ヴェネツィア議会も一五九九年七月八日に真珠制限令を公布した。その内容は次のとおりである。[18]

貴族であろうと、一般市民であろうと、ヴェネツィア総督一家を除くあらゆる女性は結婚した最初の日から十五年過ぎれば、真珠のネックレスを首からはずし、そのネックレスや他の真珠の宝飾品などを体のいかなる部分にも着用してはならない、さもないと二〇〇ドゥカートの罰金が科せられる。

しかし、この法律は効果がなかったようで、一六〇九年五月五日には再び真珠制限令が公布されている。要約した内容は次のとおりである。

一五九九年にヴェネツィア共和国は偉大なる見識をもって、結婚した女性に結婚から十五年間のみ真珠の着用を認めると決議したが、期待した効果に達していないことが明らかで、贅沢は今日まで続いている。したがって、総督一族の女性を除く既婚女性やこれから結婚する予定の女性は、結婚から十年しか真珠を着用してはならない。もし女性が違反し、その夫が貴族ならば債務者と宣言され、一般人ならばヴェネツィア市から三年間追放される。何人《なんぴと》たりとも真珠をヴェネツィアに持ちこんではならず、もし持ちこめば、真珠は接収されるし、その商人は五年間刑務所に入れられる。

真珠をここまで禁止するとは驚きであるが、当時の人の真珠熱は目も当てられなかったのだろう。とはいえ、真珠の着用を新妻だけに認める真珠制限令は、容色の衰えを隠すために一層宝飾品が必要となる年配女性への配慮を欠くものではないだろうか。しかし、年増《としま》の女性はそれぐらいではひるまなかった。真珠制限令は繰り返し公布されているので、ほとんど効果がなかったといわれている。

フェルメールの真珠ミステリー

一六五八年、オランダがポルトガルに代わってセイロン島の宗主国になった。以来、オランダ東インド会社はセイロン島アコヤ真珠を母国にもたらすようになった。オランダ人画家フェルメールは、アコヤ真珠と思われる真珠のネックレスをつけた市井の人々の嬉しそうな姿を何枚も描いている。

そうしたなかで真珠関係者を悩ませてきた一枚が「真珠の耳飾りの少女」（図版4−6）だった。青色と黄色のターバンの少女が、大粒の円形真珠のイヤリングをして、振り返っている作品である。この絵に魅了されている人は多いだろう。

しかし、少女の円形真珠はどう見ても大きすぎるのである。真珠関係者はこの真珠の不自

4−6　フェルメールの「真珠の耳飾りの少女」（『マウリッツハイス美術館展』図録）

然さに早くから気づいていたが、絵画の絶大な人気のため、模造品ではないかと声高にいえなかった。

二〇一二年、この世界的名画が来日した。その展覧会の図録で、マウリッツハイス美術館の主任学芸員カンタン・ビュヴェロは、真珠は並はずれて大きい、ガラスにニスを塗った模造真珠かもしれないし、フェルメールの想像力によるものかもしれないと、真珠が本物でない可能性を指摘した。

ビュヴェロはヴェネツィア製の模造真珠を考えているが、真珠史では一六五六年にパリのジャカンという人物が、魚の鱗《うろこ》の銀白色の物質をガラス玉の内面に塗り、精巧な模造真珠を作った話も有名である。「真珠の耳飾りの少女」は一六六五年ごろの制作なので、時期的にも符合する。模造といえば聞こえは悪いが、当時、模造真珠をつけるのは最新のファッションで、それゆえフェルメールも描いたのかもしれなかった。

真珠のライバルとなったダイヤモンド

模造であろうと、本物であろうと、人々が熱狂する宝石が真珠だった。しかし、十七世紀になると、真珠のライバル、ダイヤモンドが登場するようになった。

ダイヤモンド自体は古代ローマ時代から知られていたが、インドが唯一の産地であり、インドの王たちも大粒ダイヤモンドは自分たちに献上するよう定めていたため、市場に出回る量はきわめて少なかった。

しかし、ポルトガル人がインドのゴアに拠点を置くと、彼らはダイヤモンドを現地相場より高く買うため、現地の人が密輸するようになった。イギリス東インド会社の拠点のマドラスでも同様だった。こうして少しずつではあったが、ダイヤモンドはヨーロッパに流入するようになっていった。

さらに、十七世紀には陸路を使い独自にインドを目指す宝石商たちも現れた。フランスの宝石商ジャン・バティスト・タベルニエは、十七世紀半ばに六回オリエントに旅行し、延べ二十七年間、インド、ペルシア、トルコなどで過ごした。持ち帰ったインドのダイヤモンドや宝石をルイ十四世に売って、貴族の身分を与えられたほどだった。

ダイヤモンドが人気となったもうひとつの理由は、十七世紀半ばからフランスでブリリアントカットという研磨法が発達していったからであった。アジアの王たちは大きさを重視するが、ヨーロッパでは重量ロスがあっても輝きを第一義とするという新しい概念のカット法が登場したのだった。このカットの発明でダイヤモンドは輝きを増し、夜会用の宝石としてヨーロッパの王侯貴族の憧れの的となっていった。

ブラジルのダイヤモンド発見の衝撃

ヨーロッパの宝石商たちはインド産ダイヤモンドを独占的に扱うことで、莫大な利益を上げていた。しかし、十八世紀前半になると、彼らの背筋を寒くする事件が起こった。一七二五年ごろ、ポルトガル領ブラジルのミナス・ジェライス州で金鉱を探していた山師たちがダイヤモンドを発見し、一七二七年にそのダイヤモンドがヨーロッパに現れたのである。

ヨーロッパの宝石商たちは、新たな産地の発見で手持ちのダイヤモンドの価格が下がることを恐れ、さまざまな手段で妨害した。彼らは、ブラジル産ダイヤモンドはゴアからブラジルを経てヨーロッパに輸出されたインド産ダイヤモンドのくずであるという話を広めた。これは意外とうまくゆき、当初は販売阻止に成功した。

しかし、ポルトガル商人も負けてはいなかった。彼らはこれを逆手にとって、ブラジル産ダイヤモンドをゴアへ送り、インド産ダイヤモンドとして販売した(19)。

一般に、新しいものが生まれた場合、それが素晴らしければ素晴らしいほど、すんなりとは受け入れられない。既存のシステムで恩恵を受けている人々が守旧派となり、反発するからである。ブラジル産ダイヤモンドも例外ではなかった。しかし、ポルトガル商人たちは産地偽装でこの難局を乗り切ったのだった。

ダイヤモンドと真珠が二大宝石

ブラジル産ダイヤモンドは次第に受け入れられるようになり、ヨーロッパの王侯貴族はダイヤモンドを享受するようになった。

ルイ十五世の公式愛妾《あいしょう》だったポンパドゥール侯爵夫人やルイ十六世の王妃マリー・アントワネットなどもダイヤモンドを所有するのに熱心だった。ただ、彼女たちの肖像画ではダイヤモンドをつけている姿はあまり見当たらない。真珠のブレスレットやネックレスをつけている場合はあるが、宝飾品そのものをつけていない肖像画も少なくない。

肖像画といえば自慢の宝飾品とともに描かれるのが相場だろう。ダイヤモンドなしの肖像画は、あまり豪華には描かれたくないという彼女たちのイメージ戦略なのだろうか。それともほんとうは真珠のほうが好きだったのだろうか。いずれにせよ、当時、ダイヤモンドと真珠が二大宝石だった。

第五章　イギリスが支配した真珠の産地

　十九世紀になると、イギリスはついに真珠の産地を手に入れた。イギリスといえば真珠好きで名高いエリザベス一世をうみ出し、その家臣たちはベネズエラの真珠の産地マルガリータ島の攻撃を試みて失敗したことがあった。[1] それから二〇〇年後、イギリスはセイロン島とアラビア湾（ペルシア湾）というオリエントの二大産地を手中にしたのである。

　遅ればせながらの登場であったが、そこでイギリス人が気づいたことは、真珠の産地の支配はそれほど簡単ではないということだった。セイロン島にはイギリス人が目をそむけたくなる真珠の取り出し法があり、アラビア湾には旧態依然たる慣習があった。そのためイギリスの真珠行政は一様ではなく、各産地の特色に応じたものになっていった。

　一方、十九世紀はアメリカ合衆国やオーストラリアでも真珠や真珠貝が発見されるようになった時代だった。この時代、世界各地の真珠の産地はどのような表情をもっていたのだろう。この章では真珠の産地をめぐる世界旅行を試みよう。

セイロン島の真珠採り

まずセイロン島に行ってみよう。

一七九六年、イギリスはセイロン島の沿岸部を植民地にし、さっそくマンナール湾での真珠採りを実施した。セイロン島の前の宗主国だったオランダが最後に行ったのは一七六八年だったので、二十八年ぶりの真珠採取だった。イギリスとしてはこの後も毎年実施したかったが、セイロン島のアコヤガイは集団移動することが知られていて、大量発生している年もあれば、ほとんど姿を見せない年もあった。したがって十九世紀のほぼ百年間に三六回の真珠採りがあったに過ぎないが、それでも真珠採取事業から上がる収益はセイロン植民地政府の主要な歳入となっていた。(2)

その真珠採りの様子を十九世紀のイギリス人たちが繰り返し報告している。彼らの記述を参考にその様子を見てみよう。(3)

パールタウンの出現

セイロン島の真珠採りは、波が穏やかになる二月から四月に約四十日間行われる。

イギリス植民地政府は毎年十月ごろになると、真珠貝の生息状況を調査する。この調査で貝が十分いると判断すると、真珠採りの日程や指定海域、貝の予想採取量などを英語やイン

5－1　セイロン島の真珠採取船（*The National Geographic Magazine* Feb. 1912.）

ド南部の言語で告知し、その情報はインド洋各地の船主や潜水夫に伝わっていく。

真珠採取の拠点は、島の北西部のマリチチュッカッディ村だった。普段は潮風がヤシの木を揺するさびれたところであるが、真珠採りの時期になると、三〇〇隻以上の採取船、四〇〇〇人の潜水夫やほぼ同数の助手、真珠商、物売り、芸人、見物人などが集結する。海岸には船がひしめき（図版5－1）、浜辺には無数のテントやバラック小屋が立ち並ぶ。植民地政府の出張所、裁判所、刑務所、市場なども設営され、軍隊までも常駐する。マリチチュッカッディ村はたちまち数万人が滞在するパールタウンとなる。真珠採りの村とは、蜃気楼《しんきろう》のように突然、出現する村であり、真珠採りはインド洋世界の人々が開催を心待ちにする大イベントだった。

出漁の様子

潜水夫は南インドから来たタミル人、イスラーム教徒、マレー人、セイロン島在住のアラブ人たちだった。タミル人の潜水夫はカトリック教徒で、安息日の日曜日は決して海に潜らなかった。イスラーム教やヒンドゥー教の祭日に

5－2　潜水夫たちが海に潜る（*The National Geographic Magazine* Feb. 1912.）

も漁は中断された。

深夜の零時前、人々は港に集まり出す。潜水夫たちは出航前、サメよけの祈禱《きとう》をしてもらう必要があると考えており、祈禱師たちは天を仰いだり、地に伏せたりして安全を祈る。祈禱師は二人組で、ひとりは船に乗りこんで祈りつづける。

ジャグラーやとんぼ返りの曲芸師、物売り、物乞《ご》いなども登場し、あたりがますます騒々しくなるなか、角笛や太鼓の音が鳴り響くと、黄や青に塗られた採取船が一斉に出漁していく。夜明け前にマンナール湾の漁場に着き、日の出とともに採取を開始。船には船長と祈禱師のほか、一〇人の潜水夫と一〇人の助手が乗っている。タミル人はそのまま潜り、アラブ人は石の錘を使っていた。潜水夫は一回の潜水で約二五個の貝を集め、一日四〇回から五〇回潜水した（図版5－2）。採取船一隻の水揚げ量は一万個が平均だった。

真珠採取船は夕方四時から五時に帰港する。真珠貝はその日のうちに三つに分けられ、植民地政府が三分の二を取得、潜水夫たちは残りの三分の一を全員で分配する。潜水夫は、分け前の真珠貝をその日のうちに真珠商に売却し、現金をもらっていた。貝から高価な真珠が出ることもあったが、そうしたことは滅多に起こらないため、貝を売るほうが確実だった。

一方、イギリス政府が取得した真珠貝は一山一〇〇〇個で並べられ、夜の九時から薄暗いランプの下でセリにかけられた（図版5－3）。インドの真珠商たちが次々と落札する。この後、真珠を取り出す作業が行われるが、その方法こそがイギリス人を驚かせたすさまじいものだった。

5－3　イギリス政府の真珠貝のセリの光景（E. W. Streeter, *Pearls and Pearling Life.*）

驚愕の真珠取り出し法

真珠商が買った真珠貝は居住区から少し離れた囲いのある敷地に運ばれる。そこで数日間放置されると、貝の身は腐っていき、あたりを飛び回る大量のハエが卵を産みつける。その後、貝は丸木舟に移され、さらに放置される。するとその間に卵から孵化《ふか》した

5－4　セイロン方式による真珠の取り出し（*The National Geographic Magazine* Feb. 1926.）

ウジ虫が貝の身を食べていく。時期を見計らって丸木舟に水を張ると無数のウジ虫が浮かびあがる。それらを流し去った後、クーリー（下級労働者）たちが手作業で貝殻から貝の身の残余物を落としていく。再び水を加え、さまざまな浮きカスを流し去る。これを何度も繰り返すと、最後には砂や貝殻の破片に混じって真珠が残っているという次第である（図版5－4）。これらを集めて、綿布の上で乾かした後、ひとつずつ真珠を拾っていく。

　話を聞くだけで気持ちが悪いが、私たちはこの作業をイメージするとき、貝の腐る匂い、腐乱した貝の肉やウジ虫の触感も付けくわえなければならないのである。ただ、このセイロン方法は完璧だった。一～二ミリのシードパール（種のような真珠）やダストパール（ほこりのような真珠）まで一粒残らず集めることができた（図版5－5）。それは生物の生態を利用した究極の真珠取り出し法であり、今風にいえば、バイオマス採集法といったところだろう。

　しかし、イギリス人はこのセイロン方式に耐えられなかった。腐った貝のすさまじい匂《にお》いには我慢できなかったし、ハエが飛び交うなかで飲食はしたくなかった。衛生面が心配だったが、実際、コレラが蔓延《まんえん》するときもあった。そうしたことから真珠貝を直接買って、自分で真珠を取り出すよりも、それはインドの真珠商にまかせて、彼らから真珠を買うほうがいいと判断したようだった。セイロン方式はイギリスの真珠業者による生産地支配の大きな参入障壁となったのだった。

十九世紀はじめ、イギリスの真珠商はシードパールを積極的に輸入した。シードパールは糸につなぎ、ビーズのように使うと、繊細で美しいレースのような風合いになる。しかも真珠という同じ宝石でネックレス、イヤリング、ブローチ、ティアラを作ることができた。その装身具一式は中産階級の婚礼用のプレゼントとして最適で、たちまち一世を風靡《ふうび》して、十

5－5　インドのシードパール（『アジャンター壁画の研究』）

5－6　シードパールで作られたヨーロッパのブローチ（ミキモト真珠島蔵）

九世紀はじめのイギリスを代表する宝飾品になった（図版5－6）。

美しい真珠が送られてくると、ヨーロッパの人々はセイロン島の真珠採りに憧れを抱くようになった。一八六三年、ビゼーはこの島を舞台にした「真珠採り」というオペラを書き、真珠採りの民の幻想的なロマンスを美しい音楽で表現した。しかし、セイロン島の真珠採取はそれほど美しくはなかったのである。

ペルシア湾の真珠採り

十九世紀半ば、イギリスはアラビア湾の制海権も手に入れた。海賊行為を生業《なりわい》とするアラビア湾岸の首長国と一八二〇年以降、休戦協定を結んでいき、一八六一年にはバハレーンの首長国とも休戦協定を締結した。この地域や海域はイギリスのペルシア湾弁務官事務所の管轄となったので、本書でも以後、ペルシア湾と呼ぶことにしよう。

イギリスが支配するようになったペルシア湾は世界最大の真珠採取の漁場でもあった。アコヤガイとクロチョウガイが生息しているうえ、セイロン島と違って毎年漁ができた。数字は時代や報告者によって違いがあるが、三五〇〇隻の船が操業し、三万～三万五〇〇〇人の潜水夫がいたと考えられている。石の錘を使って潜る方法は昔と同じで、真珠採取や真珠交易の中心地も昔と同じバハレーン島だった。

イギリスとしてはペルシア湾の真珠採取から一定の歳入を得たいと思っていたが、この地は旧態依然たる慣習が多く、そう簡単ではないことが判明した。セイロン島同様、ペルシア湾でもイギリス人たちは詳しい報告を残している。そうした報告書から当時の様子を見てみよう。(4)

真珠の産地で真珠が買えない

まずイギリス人をもっとも驚かせたのが、真珠の産地で真珠が買えないということだった。というのは、潜水夫や船主、アラブ人やインド人の真珠商たちが借金システムのなかで固く結びついていたからだった。

潜水夫たちは肌の黒いベドウィン族が多かったが、彼らは真珠漁の前にナーフーザと呼ばれる船主から前金を渡される。この前金は家族の生活費となるため潜水夫にはありがたかったが、真珠漁が終わった後に返済する必要があった。

漁が終わると、船主は採取された真珠を真珠商に売りに行く。潜水夫たちは、船主が持ち帰った売却代金を仲間で分配して賃金を得るが、さまざまな名目で売却代金は差し引かれ、潜水夫が得る賃金はわずかだった。前金を返済すると手元に残る金はなく、彼らは再び借金をし、負債額は増加。潜水夫が死ぬと、負債は息子に引き継がれた。潜水夫たちは前金払いによる借金地獄から抜け出せず、一生、船主にこき使われる奴隷のような存在となっていた。

一方、船主は船主で、潜水夫への前金の支払いや真珠漁の準備のために資金が必要で、富裕な真珠商やインド人やアラブ人の商人から借金をする者が多かった。真珠漁が不作のときは、船や屋敷を取られる船主も少なくなかった。こうして真珠の多くは二〜三年先まで買われており、真珠は債権者のいるバグダードやボンベイなどに送られていた。

このような借金システムで固められたアラブ・インド・シンジケートにイギリス商人はなかなか食いこめず、真珠は生産地でも購《あがな》うのが難しい商品となっていた。

把握できない輸出量

イギリス当局は真珠の水揚げ量や輸出量も把握できなかった。

ペルシア湾では一度真珠漁に出ると、数週間あるいは数ヵ月、船の上で生活した。採取された真珠貝は次の日、車座になった潜水夫全員が注視するなか、ひとつひとつ開けられ、一定の大きさの真珠だけが取り出された。貝殻や貝の身は海に捨てた。貝から出た真珠は重量が記録されて、船主が管理していたが、こうした真珠を狙って、船をもつ真珠商たちが真珠採取船を回っており、沖買いするケースも少なくなかった。

そのうえ、真珠の重量単位や価格の決め方は地域によって微妙に異なっており、その換算方法は当事者たちもよく説明できないほど、複雑極まりないものになっていた。ペルシア湾の真珠採取の実態を報告したペルシア湾弁務官事務所のE・L・デュランドは「私が達した結論は、真珠取引は厳密な科学にすることはできないということである」と語っている。(5) こうしたこともあって、当初、イギリスは輸出税も採用していたが、結局、アラブの首長たちが行っているように、採取船への課税が一番有効な方法であると考えるようになり、以後、こちらが主流となった。

排他的な真珠漁業

イギリスの支配を難しくしたもうひとつの理由は、真珠採取は「すべての人に自由」という原則がペルシア湾にはあったからだった。[6]「すべての人に自由」といっても、それはこの地のアラブ人とペルシア人に適用される原則で、言い換えるとヨーロッパ人の真珠採取は決して認めないという原則であった。

この地のアラブ人とペルシア人は、真珠採りはナツメヤシやアヘンの栽培、海賊業とともに、この地域の数少ない産業のひとつであることを理解していた。そのため彼らはこの特権を決して手放そうとしなかった。

イギリス当局は、この地にヨーロッパ人が乗り出していくと、襲撃される危険性があることを認識していた。そのため彼らが採った真珠行政は徹底的な現状維持政策だった。ヨーロッパの真珠業者たちがペルシア湾での操業権を申請しても、却下しつづけていた。イギリス当局は潜水夫たちの隷属状態も認識していたが、逃げ出した潜水夫を元の船主に戻すなど、見事な守旧派の行動を披露していた。真珠採取の中心地バハレーン島で潜水夫の待遇改善が図られるようになるのは一九二〇年代のことである。

ボンベイは真珠取引の中心地

とはいうものの、ペルシア湾におけるイギリスの存在はこの海域に平和と安定をもたらし、真珠採取は盛んに行われるようになった。真珠業から上がる税収や収入でアラブの首長たちはますます豊かになり、真珠の流通を支配するインド商人、アラブ商人たちも莫大な富を築いていった。彼らの背後には真珠を愛してやまないペルシア、インド、トルコの王侯貴族たちがいた。オリエントでは真珠は王の証であり、彼らは王冠、太刀、帯飾り、衣装など、あらゆるところに真珠を潤沢に使っていた（カラー図版13）。それでもさらなる真珠を欲していた。

実際、十九世紀中葉、ペルシア湾の真珠の三分の二はペルシアやトルコに向かっていた。そのためイギリス商人は、ボンベイ在住のインド商人に前金を渡し、真珠の買い付けと輸送を委託していたが、この前金は立場の弱いバイヤーが払うものだった。しかし、この地域におけるイギリスの存在感が増すにつれ、ボンベイ市場が真珠の集散地として急成長していった。[7] ここにはペルシア湾とインドの真珠が集まってきた。

ボンベイには砂粒のようなダストパールであろうとも、ドリル一本で穿孔《せんこう》できる職人が大勢いた。孔開けされた真珠は糸に通され、束ねられて房《バンチ》となった。これが名高いボンベイ・

バンチで、輸出用の真珠のロットだった。イギリス商人から委託されたインド商人はこのボンベイ・バンチをロンドンに送っていた。

十九世紀の真珠ファッション

ロンドンのウエスト・エンドやハットン・ガーデンには多くの真珠商、宝石商が店を構えていた。ただ、彼らにとって残念なことに、十九世紀中葉、イギリス宮廷は彼らの重要な顧客ではなかった。一八六一年にヴィクトリア女王の最愛の夫アルバート公が死去すると、女王は長期にわたる服喪生活に突入し、周囲の人を困らせていた。イギリス宮廷は華やかさを欠く地味な宮廷だった。

5－7　ナポレオン３世妃ウジェニー
（イアン・バルフォア『著名なダイヤモンドの歴史』）

楽しみの少ないイギリス宮廷に代わってヨーロッパの流行の中心となったのが、ナポレオン三世と皇后ウジェニーのフランス宮廷だった。ウジェニーは当時のヨーロッパのファッション・リーダーで、真珠好きとして有名だった。一八五三年の肖像画では、彼女は真珠とダイヤモンドのティアラをつけ、真珠のロングネックレスを何重にもかけて、洗練された美しさを示している（図版5－7）。

5－8　イタリア王妃マルゲリータ
(Diana Scarisbrick et al., *Brilliant Europe.*)

　イタリア国王ウンベルト一世の王妃だったマルゲリータも忘れてはならないだろう。マルゲリータピザの考案者として名高い彼女は、マルゲリータ（真珠）という名前のとおりの真珠好き。一八八二年の肖像写真（図版5－8）では一三連の真珠のネックレスをつけている。真珠はかなり大粒なので、大粒のアコヤ真珠かもしれないし、これから見るシロチョウガイなどの真珠かもしれない。

　この肖像写真に見るように、十九世紀後半になるとドロップ型真珠の人気は陰り出し、円形真珠のネックレスを何連も連ねるのが、当時最新の流行となった。そうした真珠の使い方は真珠の供給量が増えたことを示しているが、この時期、真珠の価格も上昇していた。ここ二十五年で真珠の価格は一・五〜二倍に上昇したという一八七七年の報告書もある[8]。

真珠価格の高騰は、ヨーロッパの王妃たちの真珠需要に加え、イギリスの真珠商がロンドン・インド・シンジケートを構築して価格支配力をつけたことなどが背景にあると思われる。真珠を欲するオリエントの王たちと競うには高値で買う必要もあった。真珠の生産量は増えつつあったが、西洋および東洋の王侯貴族たちにはまだまだ真珠が足りなかった。

5－9　アメリカ・ミシシッピ川のパールラッシュ（George F. Kunz et al., *The Book of the Pearl.*）

アメリカ合衆国のパールラッシュ

十九世紀半ばになると、アメリカ合衆国も真珠の産地であることが明らかになった。

きっかけは、ニュージャージー州の小川で見つかった貝の真珠をニューヨークのティファニー社が一五〇〇ドルで買ったことだった。これを契機に、人々はあちらこちらの川の底を探るようになり、ついにミシシッピ川にたどりついた。実はミシシッピ川こそが、中国の長江と並ぶ淡水真珠貝の二大産地のひとつだった。川の本流や支流には約三〇〇種のイシガイ科の真珠貝

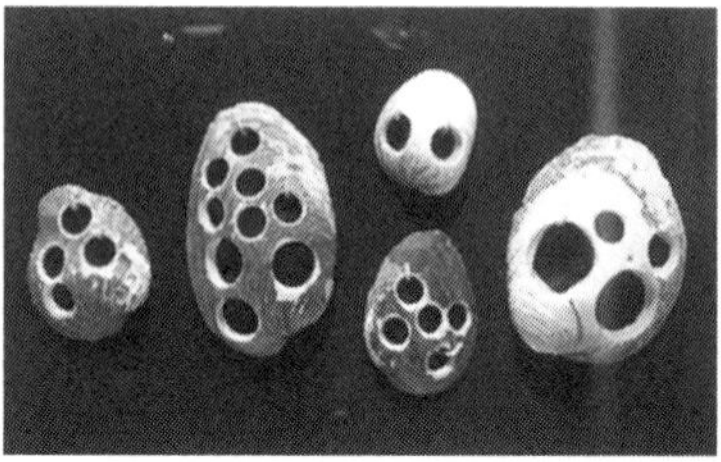

5－10　ボタンをくり抜いた淡水真珠貝（『「パール」展』図録）

が川底の砂泥を埋めつくすようにびっしり生息していたのである。

こうしてアメリカではゴールドラッシュならぬパールラッシュが勃発《ぼっぱつ》し（図版5－9）、さまざまな淡水真珠貝が採取されることになった。真珠はバロック真珠やささくれたような真珠、皺のある真珠も多く、色彩もピンクや紫、オレンジなどのメタリックカラーが多かったが、時折、見事な大粒円形真珠が転がり出ることもあった。ティファニー社はさまざまなタイプの淡水真珠を使ってブローチなどを制作し、アメリカで真珠といえばティファニーという素地を作っていった（カラー図版6）。

十九世紀末、ジョン・F・ベップルというドイツ人がミシシッピ川が流れるアイオワ州のマスカーティンにやって来て、ここに貝ボタン工場を立ち上げた。淡水真珠貝は一〇センチ以上の大きさの貝が多く、貝殻も分厚いため、ボタン生産の素材として最適だったのである。（図版5－10）。これまで貝ボタン生産はイギリスのバーミンガムがトップだったが、一九〇〇年までにマスカーティンはバーミンガムを抜き、世界最大の生産地となった。

戦後になると、プラスチック製ボタンの登場で貝ボタン産業は衰退した。しかし、日本の真珠養殖に使われる貝製の核（芯《しん》）の需要が起こり、核の重要な供給地となった。今日、淡水真珠貝のなかには絶滅の危機に瀕《ひん》している貝も少なくない。アメリカ政府は規制を強めているが、日本の真珠業者はこれを核戦争と呼び、対応に苦慮している。日本の真珠養殖は海とアコヤガイさえあれば生産できる国産のイメージがあるが、真珠養殖の核心的な部分を輸入に頼る構造になっているのである。

オーストラリアのシロチョウガイ

オーストラリアのシロチョウガイも貝ボタンのために徹底的に収奪された。シロチョウガイは世界最大の真珠貝で、これまでフィリピンやインドネシアの限られた海にしかいないと思われていたが、一八六〇年代になると、オーストラリア大陸北岸のアラフラ海にも生息することが判明したのだった。

シロチョウガイからはバロック真珠や一〇ミリ前後の円形真珠も時々出たようであるが、それらは発見者が黙って自分の取り分とした。この貝は真珠層が分厚くすべらかで美しいので、ボタン以前は建築用の螺鈿細工、トランプケース、ナイフのハンドル部分などに用いられていた。今日でも高級時計の文字盤に使われている。水深数メートルから一三〇メートルほどの海底に生息し、戦前の日本人はシロチョウガイを「海底の貴婦人」と呼んでいた。

一八六〇年代からオーストラリアではシロチョウガイ採取が行われるようになった。当初は浅い海域で行われたが、たちまち貝を採り尽くし、次第に深い海に向かうようになった。白人たちは危険の多い海には決して潜ろうとはしなかった。アボリジニーも海に潜る習慣のない種族が多かった。そのため潜水夫として雇用されたのがマレー人、フィリピン人、太平洋の島人たちだった。一八八三年にはオーストラリア全体で約二二〇隻が操業していた。

日本人移民と『木曜島の夜会』

一八八三年、オーストラリアの船長が来日して、日本人を採用した。これがきっかけとなって、和歌山、愛媛、広島、沖縄などの漁民たちが大挙して渡豪するようになった。当時、日本の沿岸漁業は不振をきわめ、漁民は生活に困窮していたが、オーストラリアの潜水夫の仕事は高給だった。しかも、潜水は日本人の得意とするところだった。日本人は勇敢で熱心だったため、たちまち他民族を抜いて頭角を現した。

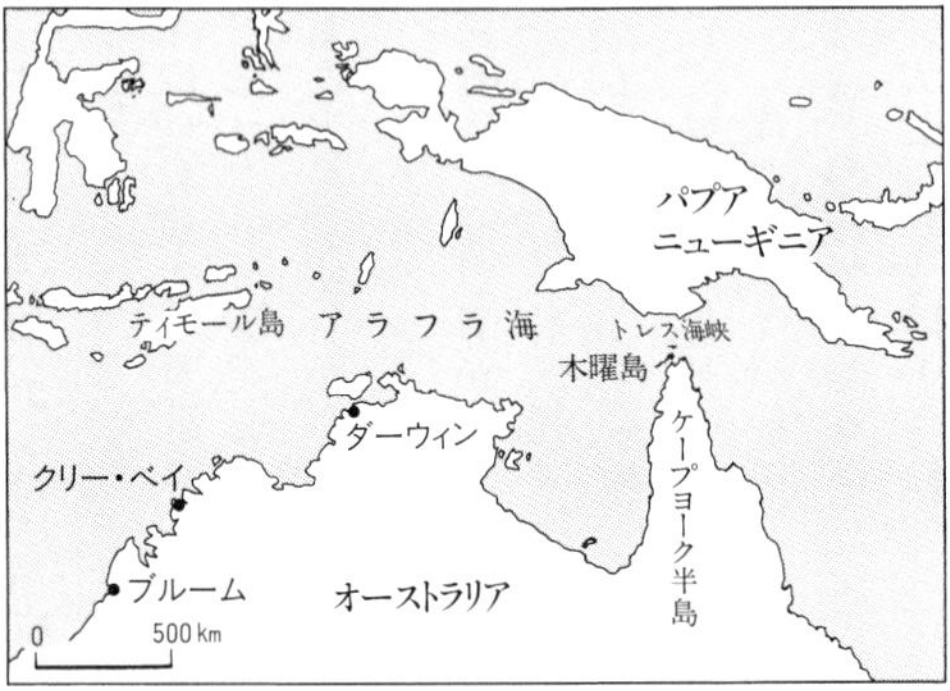

5－11　アラフラ海とオーストラリア

真珠採取の拠点は、オーストラリア北岸の東側にある木曜島と、西側にあるブルームだった（図版5－11）。一九〇〇年代はじめ、これらの地域では合計約三〇〇〇人の日本人が潜水夫として働いており、学校、醤油《しょうゆ》屋、うどん屋などのある日本人町も建設されていた。

5—12　オーストラリアのシロチョウガイ採取船の様子（*Pearls and Pearling Life.*）

日本人が渡豪するようになったころ、潜水服や潜水ヘルメットが導入されはじめていた。ヘルメットにはエアチューブがついており、船上の助手《テンダー》がポンプを上下させて空気を海底のダイバーに送る仕組みになっていた（図版5—12）。

司馬《しば》遼太郎《りょうたろう》の『木曜島の夜会』は、木曜島で働いたダイバーたちから当時の様子を聞いたルポルタージュ風の読み物である。そのなかで、空気が無事に送られてくるかという不安、サメが横を通り過ぎてゆく気持ち悪さ、日本人だけが四〇～五〇尋（一尋は約一・五メートル）まで潜れたが、三五尋を越えると潜水病になりやすかったこと、潜水病ではすぐに死ぬか、死ななくても半身不随になりやすかったことなどが報告されている。

潜水病とは水圧によって血液循環障害や脳障害などが起こる病気だった。インドではサメなどの大魚が危険だったが、オーストラリアでは水圧そのものが危険だった。目の玉が三～四センチもダラリと飛び出すこともあったが、そういう場合は静かに目玉を眼孔に押し戻す必要があった。(9)

潜水夫は概して短命だった。日本人のなかには船の所有者になる者もいたが、多くの日本人は使役される側におり、太陽が出ているかぎり、深くて冷たい海の底で貝を集めていた。

一九〇三年発布のオーストラリアの移民法では、有色人種の入国は禁じられることになったが、日本人については、木曜島とブルームに限り、「陸上に居を占めざる海上生活者」という位置づけで真珠貝採取に従事することが許可された[10]。

太平洋戦争が勃発すると、オーストラリアにいた日本人は収容所に入れられ、戦後ほとんどの日本人が強制帰国させられた。一九七〇年代に久原脩司という高校教諭が木曜島を調査し、この島だけでも六〇四の日本人の墓があることを突きとめた[11]。ブルームにも八六九の墓があることが知られている。これらの墓は、約一五〇〇人の日本人潜水夫が帰国を果たせず、異国で客死したことを伝えている。

日本の南進政策とアラフラ海

アラフラ海の真珠採りの話は出稼ぎ日本人の悲哀と結びついている。しかし、本書では、当時、日本の植民地（委任統治領）だった南洋群島を拠点にしたもうひとつのアラフラ海のシロチョウガイ採取も見ておこう。その活動は日本の南進政策の具現化のひとつでもあった。

一九三一年、オーストラリア航路の航海士だった丹下福太郎はパラオに寄港してアラフラ海に向かう真珠貝漁業を開始した。これを契機にパラオ拠点の真珠貝採取船が急増。一九三七年には一二〇隻となり、パラオは「世界最大の真珠業根拠地」となった[12]。

この年、三八四〇トンのシロチョウガイを採取。移民法で日本人潜水夫が減ったオーストラリア全地域の採取量は二八五四トンだったので、日本のアラフラ海漁船の収穫量のほうが多かった[13]。真珠貝採取は、「モグリ」の得意な日本人の独壇場だった。採れた真珠貝は貝ボタンの材料として三井物産神戸支店が独占的にアメリカに輸出した。

5−13　アラフラ海の日本人ダイバー（久米武夫『宝石学』）

当時の南洋庁は報告書のなかで、真珠貝漁業は南洋群島最初の海外漁業であり、異常の発達を遂げつつあると高く評価している[14]。南洋庁は「真珠介会館」や「真珠介共同倉庫」の建設に助成金を出しているが、実際、真珠貝漁業や真珠の養殖業こそが、日本が手に入れた南洋群島の南の海をもっとも有効に活用できる業界だった。

オーストラリアから見ると、アラフラ海は公海とはいえ、自分たちの目と鼻の先にある海である。その海に漁船一〇〇隻以上で襲来し、次々海に飛びこんで、シロチョウガイをかっさらっていく日本人は面白くなかったはずだった。オーストラリア当局は領海侵犯を名目に日本漁船の拿捕《だほ》を繰り返していた。

一九四一年に太平洋戦争が起こると、日本人の漁は中断した。

真珠貝漁業は大陸棚領有宣言を誘発した

戦後、日本の漁業はマッカーサー・ライン内の近海に限定されていたが、一九五二年に対日占領政策が終了すると、遠洋漁業が可能となった。アラフラ海のシロチョウガイは米国に輸出して外貨を稼げるため、水産関係者は色めきたち、政府やマスコミの期待も大きかった。一九五三年五月には母船や採取船など二九隻がアラフラ海に出漁していった。

しかし、オーストラリアは大陸棚領海説に基づいて、大陸棚の上にあるアラフラ海は自分たちの領海であると主張。真珠貝漁業法を制定し、オーストラリア政府の許可のない外国の真珠採取船は拿捕され、船と真珠貝は没収されることになった。このようにオーストラリアは日本漁船の活動を制限したので、久しぶりの真珠貝採取は満足な結果とならなかった[15]。

当然ながら日本は反発。領海三カイリ説に基づいて、オーストラリアの行動は公海自由の原則に反すると主張した。一九五四年、日本は国際司法裁判所に提訴。オーストラリアも応訴した。日本人はその後もアラフラ海への出漁を敢行したが、プラスチック製ボタンの普及によって貝の需要が減少し、真珠貝漁業はかつてほどの重要性をもたなくなっていった。一九六二年に日本が漁を打ち切ったことで、裁判で決着しないまま、紛争は消滅した[16]。

アラフラ海の真珠貝採りは、深海潜水という特殊技能をもつ日本人の独り勝ちの世界であり、それがオーストラリアの大陸棚領有宣言にまで発展したのだった。

＊　＊　＊

アラフラ海の真珠貝採取では話が戦後まで進んだが、ここで再び十九世紀の天然真珠時代に話を戻しておくことにしよう。

十九世紀になると、タヒチ島近辺のツアモツ諸島、ハワイ諸島などにはクロチョウガイが生息していることが判明した。ハワイのオアフ島の内海は名高い真珠の産地であり、先住民はワイ・モミ（真珠の水）と呼んでいた。一八九八年、アメリカがハワイを併合し、ワイ・モミ湾に海軍基地を設立した。湾はパール・ハーバーと呼ばれるようになり、アメリカ海軍が存在感を増しつつあったが、真珠や真珠貝は採取されていた。

スペインから独立したベネズエラやパナマ、それにメキシコなどでも真珠採取が再開されるようになった。こうして世界各地では新たな真珠の産地が発見されたり、昔の漁場が再開されて、真珠の生産量は増えていった。ただ、真珠の価格は安くはならなかった。というより十九世紀後半から二十世紀はじめ、真珠の価格は異常なほどの高騰を見せるのである。

第六章　二十世紀はじめの真珠バブル

十九世紀後半から二十世紀はじめ、真珠の価格は上がりつづけていた。その値上がりは尋常でなく、まさに真珠バブルと呼ぶにふさわしいものだった。

真珠の高騰には三つの理由があった。

ひとつは、真珠のライバルのダイヤモンドが供給過剰となったからである。

もうひとつは、アメリカの新興成金《ニュー・リッチ》が真珠に熱狂したためだった。

三つ目の理由は、パリの「真珠王」レオナール・ローゼンタールが真珠の産地を独占することで、真珠の供給量と価格を意図的に操作しはじめたためだった。彼ばかりでなく、旧大陸の宝石店カルティエや新大陸の宝石店ティファニーも真珠の高額化を進めていた。

この章では、十九世紀後半から二十世紀はじめにかけて真珠がダイヤモンドとのかかわりのなかでどのように高騰していったのかを見ていこう。その時代は日本の養殖真珠が登場する直前の時代であり、天然真珠が最後の輝きを放った時代だった。

南アフリカのダイヤモンドの発見

まず宝石史における大事件から話を始めよう。その事件は南アフリカの英領ケープ植民地の牧草地で始まった。一八六六年、オレンジ川の岸辺で農家の少年が硬くて光る石を発見した。[1] 後に「ユーレカ（我、発見せり）」と名付けられた二一カラット（約四グラム）のダイヤモンドだった。ただ、このダイヤモンドは当初、それほど人々の関心を集めなかった。

一八六九年、今度は現地の羊飼いが同じ地域で八三・五カラット（約一七グラム）の光る石を発見した。後に「スター・オブ・サウスアフリカ」と呼ばれるダイヤモンドである。これを契機に現地の人々がオレンジ川流域に押し寄せ、次々とダイヤモンドを発見するようになった。優良な鉱山はイギリスのケープ植民地よりも、オレンジ川北方のオレンジ自由国側に多いことも明らかになった。

現地の人々の熱気は高まっていったが、本国の反応は鈍かった。ヴィクトリア女王やイギリス政府関係者はインド産かブラジル産以外のダイヤモンドの存在を疑っていた。イギリスの名高い宝石店ガラードは興味がないと語っていた。その一方で、ハリー・エマヌエルというダイヤモンド商は、ブラジル産ダイヤモンドの発見で何が起こったか知っていたので、南ア産ダイヤモンドなどありえないといいながら、自分のダイヤモンドは売り急いでいた。

当初は南アフリカのダイヤモンドですら、もろ手を挙げて歓迎されたわけではなかった。

しかし、十九世紀末までにこの地は世界のダイヤモンドの九割を生産するようになり、大量のダイヤモンドがヨーロッパにもたらされることになった。

ダイヤモンド悲観論

気の早い宝石商はダイヤモンドの時代は終わったと宣言した。

ロンドンの宝石商、エドウィン・W・ストリーターは一八八四年の『貴石と宝石』のなかで、さまざまな宝石に順位をつけるのは難しいが、あえて順位をつけるとしたら次のとおりだろうと述べ、真珠を宝石の筆頭に挙げている。

ストリーターによると「真珠は傑出した位置にある。この物質は、貝の産物であり、厳密には鉱物ではないが……もっとも重要な宝石のグループに分類できる」ものだった。真珠の次に来るのは、ルビー、サファイア、オリエント産キャッツアイだった。「その次に来るのがダイヤモンドである。多くの読者はダイヤモンドの順位が低いので驚くであろうが、宝石市場においてこの石が最高と見なされていた時代は過ぎてしまった」と宣言した。

もともとストリーターは真珠に強い宝石商だった。オーストラリアでは真珠貝採取船を所有し、セイロン島には代理店を置いていた。一八九〇年前後には二回ほどペルシア湾の真珠採取の操業許可をイギリス政府に申請したが、これは認められなかった。

ストリーターが看破したように、一八八〇年代、ダイヤモンドの値段の下落は目も当てられなくなっていた。多くの鉱山師たちが南アフリカで乱掘し、大量のダイヤモンドが投げ売り状態となっていた。こうした事態を打開すべく、イギリス人のセシル・ローズはユダヤ系のロスチャイルド財閥から資金援助を受けて、一八八八年にデ・ビアス・コンソリデーテッド・マインズ社を設立した。採掘会社を合併し、生産を寡占、価格の安定を図っていった。ローズは一八九〇年にケープ植民地の首相となり、南アフリカのダイヤモンドと金のさらなる産地支配を企てる名高い帝国主義者となった。

ティファニーのダイヤモンド戦略

南アフリカのダイヤモンドをビジネス・チャンスとしたのが、ニューヨークのティファニー社だった。もともとティファニーはブラジル産やインド産ダイヤモンドを扱っており、南ア産ダイヤモンドに嫌悪感を抱いていた。『ニューヨーク・タイムズ』紙に広告を出して、質の悪い南ア産ダイヤモンドは買わないよう消費者にわざわざ忠告していたほどだった。

しかし、次第に方針を変更。一八八六年には南ア産ダイヤモンドを使った新しいタイプの指輪を売り出した。これまでのダイヤモンドの指輪は石が指輪の本体に埋もれていたが、ティファニーの指輪は、六本のプラチナの爪《つめ》が一粒のダイヤモンドを持ちあげて、ダイヤモンドをきらきら輝かせるようになっていた。二次元から三次元に飛躍する画期的なデザインで、ティファニー・セッティングと呼ばれている。この指輪は婚約指輪として圧倒的な人気を博し、ティファニーは世界でもっとも多くのダイヤモンドの指輪を売った会社となった。ダイヤモンドと並ぶもうひとつの売れ筋がミシシッピ川の淡水真珠だった。

ダイヤモンドと真珠の相性のよさ

パリのカルティエ社も南アフリカのダイヤモンドをビジネス・チャンスとした。南アのダイヤモンド鉱床は大量の小粒ダイヤモンドを派生させた。カルティエはそれらの小粒ダイヤモンドを、道路の砂利石のように、プラチナ台に敷き詰めるパヴェ方式を得意とした。そのパヴェのプラチナ台に大粒ダイヤモンドと真珠をあしらった宝飾品を制作した。

それらはダイヤモンドと真珠とプラチナの透明と白だけで統一された「白いジュエリー」で、ダイヤモンドと真珠の相性のよさを示したばかりでなく、黄金細工に赤や緑の宝石をはめこんだ従来のジュエリーを一気に古くさくしてしまった。世紀末のヨーロッパの王侯貴族の夫人たちはこの白いジュエリーを好み、公式の儀式に臨むときは、ダイヤモンドや真珠のティアラを頭につけ、ダイヤモンドや真珠のチョーカーを首に巻き、さらに胸飾り《ストマッカー》などもつけていた。これだけでも十分なはずだったが、当時の正装を完成させるには、さらに真珠のネックレスをぶらさげる必要があった。

実際、あらゆる宝飾品のなかで真珠のネックレスは圧倒的な人気を誇っていた。パリのカルティエ本店の売り上げの六〇パーセントは真珠の販売から得られたもので、入り口の左側

には真珠専用の特別室がしつらえられていたほどだった。(2)

ヨーロッパの夫人たちは真珠とダイヤモンドを得ることに人生のすべてをかけていたが、世紀末、彼女たちは、オペラ鑑賞を除くとまだパブリック・スペースに姿を現していなかった。したがって、豪華なジュエリーを市中で誇示していたのは、大女優やオペラ歌手だった。サラ・ベルナールなどは高価な真珠やダイヤモンドをまとってホテル・リッツに華々しく現れ、ロビーにいる人々を感嘆させていた。(3)

クルチザンヌと呼ばれた高級娼婦《しょうふ》たちの真珠やダイヤモンドも、パリの人々の話題をさらっていた。クルチザンヌと娼婦の違いは自分で愛人を選べるかどうかだった。ヨーロッパの王侯貴族は家柄のいい妻を屋敷に残し、自分はクルチザンヌの愛人にしてもらうべく、プレゼント攻勢をかけていた。彼女たちに入れあげて、財産を失う人も少なくなかった。

クルチザンヌや娼婦は白く美しい裸体が自慢だったが、真珠は裸体にもっともよく似合い、官能性を高める宝石でもあった。世紀末に制作された数多くのヌード写真では、ショートカットの美女が裸体に真珠のネックレスだけをつけてポーズをとっている写真も少なくない。真珠と裸体のコラボレーションは、一九七四年の映画『エマニエル夫人』でも見ることができる。

アメリカの大富豪の真珠への憧れ

一九〇〇年代前後から宝飾品市場に新たな顧客が加わった。アメリカ合衆国、アルゼンチン、キューバ、南アフリカなどの新興成金だった。不動産王、鉄道王、鉄鋼王、石炭王、小売王などが誕生し、金や石油で当てた大鉱山主や大牧場主、泥棒貴族《ロバー・バロン》と呼ばれたあこぎな資本家や銀行家も数多く生まれていた。彼らは増えつづける富に溺れそうになっていた。

ニューヨークの大富豪たちはダンスパーティーを繰り広げていた。外出の機会も増えていたが、そうしたさいに富と権威の象徴となったのが真珠のネックレスだった。ダイヤモンドも高価な宝石だったが、どちらかといえば正装用や夜会用の宝石だった。昼間だろうと、格式張らない外出先であろうと、気軽に着用できるのが真珠だった。

カルティエのニューヨーク支店では、パリのカルティエ本店同様、真珠がもっともよく売れていた。カルティエ家の二男でアメリカ支店長のピエール・カルティエに宛てた社員の報告書には「セールスマンは真珠のことばかり言っています。そして、また真珠だと言うのです」(岩淵潤子《いわぶちじゅんこ》訳)という一文が残っている。(4)ティファニーでも真珠が一番の売れ筋で、「大金持ち、とくに新興の大金持ちは真珠を買い、さらに真珠を買い、そしてダイヤモンドを買った」(5)のだった。

こうした真珠人気についてパリの真珠ディーラー、ローゼンタールは、一九二〇年の著書のなかでわかりやすく解説している。

「人は金持ちになればなるほど、その富を見せびらかす何かをもちたいという欲望が強くなる。コレクターや慈善事業家になる人もいるが、虚栄心が重要な役割を担う個人的な楽しみに費やす人もいる。レンブラントや希少な絵画を腕に巻いて外出するのは格好が悪いが、自分の妻に美しい真珠のネックレスをつけさせて人々の称賛を誘うのはよりたやすいし、富を見せびらかすもっともエレガントな方法である」

二十世紀はじめ、ペルシア湾の真珠の年産は平均で四〇〇〇万〜五〇〇〇万個あり、世界の他の地域の合計は約二〇〇〇万個だった。こうしたなか、第一次世界大戦の戦争特需に沸くアメリカ合衆国は一九一五年から一六年にかけて六〇〇〇万個以上の真珠を購入した[6]。戦争を契機に、世界の真珠のほとんどはアメリカに向かうようになっていた。真珠はアメリカのブルジョワにとって「屋敷や馬車や自動車と同じようになくてはならないものだった[7]」。

真珠のネックレスの見方

このあたりで真珠のネックレスの見方を解説しておこう。真珠のネックレスにはグラデュエーションタイプとユニフォームタイプのふたつがある。

グラデュエーションタイプのネックレスは中央部に大粒真珠を置き、左右の真珠が次第に小さくなっていくものである。アコヤ真珠のネックレスだと中央に六・五ミリや七ミリの大玉が使われ、後ろになると三ミリ、二ミリ、あるいは一・五ミリの真珠が使われた。天然真珠の時代には、このグラデュエーションタイプが一般的だった。

一方、ユニフォームタイプは、ほぼ同じ大きさの真珠で組んだネックレスである。二十世紀はじめ、真珠のネックレスは「真珠のロープ」(ロープ・オブ・パールズ)とか「真珠の紐」(ストリング・オブ・パールズ)と呼ばれていたが、ユニフォームタイプに近い形で作られていた。

グラデュエーションタイプにせよ、ユニフォームタイプにせよ、真珠のネックレスは粒や色をそろえるため、数年あるいは十数年かけて作られる。値段はきわめて高かった。ティファニー製の真珠のロープでは平均七ミリの真珠一八七個を使ったものが八万五〇〇〇ドルだった[8]。それでもこうしたネックレスが可能になったのは、ペルシア湾のアコヤ真珠の安定供給や加工技術の発展が背景にあったからである。クロチョウ真珠やシロチョウ真珠でもネックレスが作られたが、こちらは途方もなく高い値段となった。

6－1　真珠とダイヤモンドの宝飾品をつけたエディス・グールド　1890年ごろ (*The Book of Pearls.*)

アメリカの元女優で、大富豪の夫人になったエ

6―2　ジョルジュ・バルビエが描いたカルティエの広告（ハンス・ナーデルホッファー『Cartier』）

ディス・グールドの肖像写真を見てみよう（図版6―1）。エディスの義理の父はニューヨークの大資本家ジェイ・グールドという人で、あまりにあこぎなために「ウォール街の悪魔」と呼ばれていた人である。この写真では、エディスはコルセットで腰を細くした白い光沢のあるドレスを着て、典型的な九〇年代の真珠とダイヤモンドのジュエリーで飾っている。目を引くのは真珠のネックレスだろう。大粒真珠のグラデュエーションタイプもあれば、アコヤ真珠のロープもある。過剰なほどの装身具だが、元女優だけあって、時代の古さを感じさせない垢《あか》ぬけた装いとなっている。

次にカルティエの広告を見てみよう（図版6―2）。一九一四年にジョルジュ・バルビエという名高いイラスト画家が水彩画で描いたものである。この広告では、女性は三連の真珠のロープをつけているが、そのひとつはきわめて長い。しかもユニフォームタイプである。これほど長いネックレスは、当時の人々の夢のまた夢だった。

真珠は天文学的な値段となった

一九一〇年代、真珠のネックレスはどんどん長くなり、真珠の値段も上がっていた。ジュリウス・ウォディスカという人は、一九〇九年の『貴石の本』のなかで「その清廉さ、なめらかな優美さ、ロマンチックで詩的なイメージの魅力において、真珠は、宝石のなかの貴族である。真珠はダイヤモンド、エメラルド、ルビー、サファイアという最高位の宝石の仲間ですら凌駕している」と宣言した。

一九一一年二月の『ニューヨーク・タイムズ』紙は「真珠はダイヤモンドより高くなった」という見出しを掲げ、「ロンドンの専門家によると、真珠の価格の継続的な値上がりは、真珠をダイヤモンドよりも貴重なものにしつつあるが、すでにタイプによっては、ダイヤモンドより貴重になった」と報道した。[9] 高騰の理由は、昨今は真珠の需要が供給よりも多いうえ、インドとセイロン島ではかつてほど真珠が採れなくなっているのがその理由だった。七月の『ニューヨーク・タイムズ』紙は、マルボロ公爵夫人が一八九四年に二万二〇〇〇ドルで買った真珠のネックレスがロンドンのオークションで八万五〇〇〇ドルで落札されたことを報道している。[10]

一九一二年三月、『ニューヨーク・タイムズ』紙は、真珠の価格は二倍になったと報じ、真珠が買い占められ、真珠市場が操られている可能性を指摘した[11]。九月には「一〇年前はだれでも好みのサイズや品質の真珠を買うことができたが、今日では二〇グレーン（九ミリ相当）以上の真珠が一個市場に出ると、レンブラントの絵が美術市場に出るのと同じくらいの大騒動となる」と報道した[12]。

実際、真珠のネックレスはレンブラントより高くなっていた。一九二〇年、チェース・ナショナル・バンクの副頭取は自分の花嫁のために二九万二〇〇〇ドルで真珠のネックレスをティファニーから購入した[13]。一九二七年にはレンブラントの作品「ティトゥス」がオークションで落札されたが、その価格は二七万ドルだった。十七世紀の巨匠の名画も真珠のネックレスには形なしだった。

そうした真珠の高騰について語り草になっているのが、カルティエ社の商いである。ピエール・カルティエは一九〇九年にニューヨークに出店したが、もっと広いところへ移転したいと思っており、五番街にある六階建てのルネサンス風の大邸宅に目をつけていた。ピエールは、この屋敷の持ち主のモートン・F・プラントという銀行家について事前調査した。その結果、彼に二連の真珠のネックレスと大邸宅との物々交換を申し出た。夫人がこの話に興味を示し、抜け目のない銀行家も（値上がりを見こんで）躊躇《ちゅうちょ》なく申し出を受け入れた。二連の真珠のネックレスは五五個と七三個の真珠からなっており、一〇〇万ドルの価値があると見積もられていた。一九一七年の商談だった。こうしてピエールはカルティエ・アメリカ

店の新たな屋敷を手に入れたのだった。(14)

この一〇〇万ドルを別の数字と比較してみよう。ピエールは一九一〇年にアメリカの大富豪のマクリーン夫人に、今日、ワシントンのスミソニアン自然史博物館の至宝となっている青色のホープ・ダイヤモンドを一八万ドルで売りつけたことがあった。銀行家プラントの真珠のネックレスはそれから七年後のことだった。物価のインフレがあるにせよ、一〇〇万ドルというのはやはり天文学的値段である。

イギリスの宝石史の第一人者シャーリー・バリーは、一八九三年以降、真珠の価格はダイヤモンドの価格を超えて急上昇したが、ダイヤモンドは一八八〇年代の供給過剰の影響を不幸にも引きずっていたと述べている。(15)

二十世紀はじめ、空前絶後の真珠バブル時代が到来していたのである。

フランスの真珠ディーラーの登場

こうした真珠バブルを陰で操っていた人々が、フランスの真珠ディーラーたちだった。彼らは真珠市場を独占し、真珠を出し惜しみするようになっていた。

セイロン島のマンナール湾はイギリス人が浚渫船《しゅんせつせん》で真珠貝を採り尽くしたのが原因で、一九〇七年以降、しばらく真珠漁ができない状態になっていた。一方、相変わらず圧倒的な生産量を誇っていたのがペルシア湾だった。品質のいい真珠の八〇パーセントはペルシア湾か

6－3　ジャック・カルティエとバハレーンの首長たち（『Cartier』）

ら来るといわれていた。ペルシア湾の真珠はアラブ商人やインド商人が買い取り、イギリス人はボンベイのインド商人に前金を渡して真珠を輸送してもらっていた。このイギリス・インド・シンジケートは次第に強固なものとなっていった。

フランス人の真珠ディーラーたちは、イギリス・インド・シンジケートを打破するべく、船をチャーターしてアラビア半島湾岸の首長やバハレーンの首長たちを訪問し、真珠の直接買い付けに乗り出していった。カルティエ家の三男ジャック・カルティエも一九一〇年代にペルシア湾を訪れている（図版6－3）。彼はヒンディー語が話せ、ボンベイに代理店を置いている、オリエント地域担当の宝石商だった。

フランス人ディーラーの台頭は目覚ましかったが、その頂点に君臨した人が、すでに本書でも何回か引用したレオナール・ローゼンタール（図版6－4）だった。カフカス地方出身のユダヤ系の人物で、一八八六年ごろ、十四歳のときにひと旗あげようとパリに来た。バカラの店員をしたこともあったが、次第に家具や美術品のオークションに関心をもつようになり、ほどなく真珠を扱うようになった。天然真珠の扱いには真珠の目利きだけでなく、地域によって異なる重量計算や価格計算の理解も必要であるが、ローゼンタールは審美眼にも計算能力にもたけていた。兄弟たちとともにフォンシエールという会社を設立。アコヤ真珠をオリエンタルパールと呼び、オリエンタルパールを扱うことでみるみる富を築いていった。彼の著書『真珠の王国』からもう少し見ていこう。

6－4　レオナール・ローゼンタールの肖像画（Leonard Rosenthal, *The Pearl Hunter.*）

ペルシア湾とベネズエラの真珠の産地を独占する

ローゼンタールは一九〇七年ごろには真珠の産地をおさえ、真珠市場を独占するという野望をもつようになっていた。彼はまず弟のヴィクトルをペルシア湾に派遣して、真珠の直接買い付けを行おうとした。ヴィクトルはバハレーン島やアラビア半島沿岸の首長たちを回っていったが、イギリス人が築いた関係に割りこむのは容易ではなかった。アラブ人は保守的で、複雑な商慣習をもっていた。イギリス人も抵抗した。最初の三年間はひとつも真珠を見せてもらえない状態だった。

あるとき、ヴィクトルは、フランスから持ち帰った小銭銀貨で水増しした大量の現金箱を一二匹のロバの隊列に積ませて港から家まで運ばせるという作戦に打って出た(16)。この富の行列はアラブ人を感嘆させた。それ以降、ヴィクトルには最高級の真珠が気前よく提供されるようになり、イギリス人との戦いを制することができた。

ペルシア湾では首長たちにもっとも喜ばれる贈り物は銃と大砲だった。ヴィクトルたちも海賊に襲われそうになったことがあり、銃で武装していた。銃と大砲はペルシア湾の真珠の商売の必需品だった。

ペルシア湾での駐在が終わりに近づいたとき、ヨーロッパ人は首長や現地の人々を招き、宴会を催すことが慣習になっていた。町のメインストリートには数百メートルにわたって絨《じゅう》毯《たん》が敷き詰められ、数百名の客たちは思い思いの場所に座る。五〇匹のヒツジの丸焼きが出され、膨大な量のピラフ、ボンボン菓子やナツメヤシ、砂糖水が配られる。ヨーロッパ人にとって砂糖水よりも甘美なものは、この宴会が近々の出発を意味していることだった。自分たちの苦労はようやく終わり、やっと故郷に帰れるのだった。

ローゼンタールはもうひとりの弟のドロシアをベネズエラのマルガリータ島に派遣した。ドロシアはスポット買いで真珠を入手していった。その後、漁夫たちは定期的に真珠を売ってくれるようになり、南米からの真珠の包みはすべてパリに送られるようになった。とはいえ南米の海でも地元の住民たちが真珠運搬船を狙って発砲してくることがあり、ここでも真珠の商いは銃と無縁ではなかった。そのうえ、ベネズエラは権力闘争が日常茶飯事で、権力者がころころ変わるため、政府側と反政府側の両方に贈り物をするのが鉄則だった。

南米には黄熱病があり、ペルシア湾にはペストやコレラがあった。赤痢はどこでも蔓延していた。缶詰ばかりを食べる日々。太陽の下、砂だらけの焼けつく土地。そこに漂う真珠の産地特有の貝の腐った強烈な匂い。真珠の現地買い付けは想像以上の苦労があった。

ローゼンタール、真珠の買い占めに動き出す

一方、弟たちを真珠の産地に送りこんだローゼンタール自身は、当時はまだ自動車が普及していなかったため、自転車に乗ってパリ中を回り、ジュエリーショップなどで売られている真珠を買い占めていった。彼はそれ以外にも暗躍していたようである。ローゼンタールの『真珠の王国』には意味深長な記述がある。

「あるフランスのバイヤーが二〇〇〇万フラン相当のペルシア湾の真珠を買い、さらにボンベイでも二〇〇〇万フランで真珠を買った……当時、オリエントのすべての国々では、インド人、ペルシア人、中国人、アラブ人は、ディーラーであれ小売商であれ、無尽蔵に思える真珠の在庫をもっていた。カルカッタの宝石店に限らず、マハーラージャや富裕なインド人の宮殿でもタンス一杯に真珠が収められているのが、しばしば目撃された……しかし、真珠

の価格が上がりつづけると……人々は彼らの全財産の価値よりも高額な財宝（真珠）をいつまでも所有しているわけにはいかなくなった。毎年毎年、何億フランと引き換えに……真珠の包みがヨーロッパに送られるようになった。ただ、このようなことは長くは続かなかった。見事な真珠を所有するマハーラージャや中国高官たちの数はほんのわずかとなった。とはいえ、真珠は中国の墓の掠奪者《りゃくだつしゃ》の手元にまだ残っていたりする」

「（パナマなどの中米は大粒真珠の供給地であったが）二〇〇〜四〇〇フランで買った真珠にディーラーが五〇〇〇フランを提示すれば、（売却しようという）誘惑に抗《あらが》えなくなるものである……三年間でより大量の真珠が、パリ、ポーランド、スペイン、イタリア、ロシアに向かって渦を巻きながら消えていった。すると今度は、各国（の人々）は（真珠）ディーラーたちの勝ち誇った攻撃にさらされるようになった。現在、すべての真珠は払底している」

以上が一九二〇年刊行の『真珠の王国』の記述である。主語があいまいなため、詳しいことはわからないが、おそらくローゼンタールが主体となり、ポーランド、スペイン、イタリア、ロシアのディーラーたちも参加した、国際的な真珠買い占めの話と解釈していいのではないだろうか。

ローゼンタールは一九五二年の自叙伝『パール・ハンター』で次のように書いている。

「このように世界の真珠市場の独占は、三〜四年の不屈の努力によって私の会社によって最終的に成し遂げられたのである。ついに我々は勝利を手にした。私は、銀行が自分を信じてくれたことが間違いではなかったことを証明できて満足だった。以来、真珠を買いたい世界中のディーラーがパリに来るようになった。すでに使用した真珠を売りたい人もパリに来た。王室の宝飾品も先祖伝来の高価な家宝も我々の手を通るようになった」

一九一〇年代、世界の真珠市場はローゼンタールたちによって支配されていた。

真珠王ローゼンタールの誕生

ローゼンタールの会社は世界中に支店や代理店を置き、世界でもっとも重要な真珠を扱う会社となった。ヴィクトルはペルシア湾の真珠王で、ドロシアは南米の真珠王だった。兄弟を戴冠《たいかん》させたローゼンタールは真珠業界のナポレオンと呼ばれていた。(17)彼こそ世界の真珠王であり、ローゼンタールの名前は真珠と同義だった。

ペルシア湾の真珠は直接パリに来るようになり、ボンベイの真珠市場は閑古鳥が鳴いていた。世界各地の真珠市場も品薄状態にあえいでおり、真珠を売るよりも買うほうに熱が入っていた。いまや真珠は生産地からもたらされるか、たまにオークションに出品されるか、個人取引で入手するかぐらいだったが、生産地はローゼンタールがおさえていた。

第一次世界大戦後、アメリカ市場の躍進は目覚ましく、真珠の需要は旺盛《おうせい》だった。アメリカのディーラーたちは、もっと大きく、もっと美しい真珠をと唱えつづけ、ローゼンタールのところに海外電報による注文票をどんどん送ってきた。彼らにとって価格はまったく問題ではなかった。

真珠の流通を支配するローゼンタールの会社は、このまま順調に進めば、ダイヤモンドのデ・ビアス社に匹敵する独占会社になっていたはずだった……。

第七章　日本の真珠養殖の始まり

欧米で真珠が高騰するなか、天然真珠時代にとどめをさす試みが東洋の島国、日本で始動していた。御木本幸吉が三重県英虞湾で半円真珠事業を始め、見瀬辰平が世界で初めて球形真珠を作り出し、藤田《ふじた》昌世《まさよ》が球形真珠の実用化に成功したのだった。

この章では、世界の人たちが思いもよらなかった方法で真珠養殖業を確立させ、日本の海から真珠という最強のジャパンブランドを作り出すことに貢献した人々を見ていこう。

知る人ぞ知る真珠の商い

まず、御木本幸吉を登場させる前に、江戸時代の真珠事情を考察しておこう。

江戸時代になると、日本は再び伴天連追放令を出し、鎖国政策を採るようになった。ヨーロッパ人は次第に日本の真珠のことを忘れていったが、日本と交易している中国人、オランダ人はその限りではなかった。

江戸時代前半の真珠の産地は大村湾、鹿児島湾、英虞湾だった。ほとんどの日本人は真珠に無関心だったが、産地の人は真珠が交易品になることを知っていた。

たとえば、一六九〇年に長崎出島《でじま》に来日したドイツ人で、オランダ商館付の医師エンゲルベルト・ケンペルは『日本誌』のなかで、真珠貝はアコヤガイといわれ、ペルシアの真珠貝と似ている、アコヤ真珠は薩摩の近海と大村湾でしか採れない、薩摩では琉球《りゅうきゅう》のシナ人に売っているらしい、大村では毎年三〇〇〇両シナ人に売っていると述べている。

一七一三年の英虞郡の郷土史料『志陽略志《しようりゃくし》』には、真珠は華人が求める宝ゆえ、海女に探させ、採れた真珠は必ず肥前長崎に送っていると記されている。(1)

真珠は知る人ぞ知るという形で海外に輸出されていた。

真珠を薬として飲んだ日本人

江戸時代は、アコヤガイのケシ真珠が薬として使われるようになった時代でもあった。

そのきっかけになったのが、一五九六年ごろに中国の明《みん》の李時珍《りじちん》が刊行した『本草綱目《ほんぞうこうもく》』だった。『本草綱目』は自然界の動植物がどのように薬に使えるかを列挙した薬物研究書で、真珠については、粉にして用いれば、心を静め、目をはっきりさせ、肌に潤いを与え、聾《ろう》を治し、濁った精液を清くし、天然痘を解毒する効果のあることが記されていた。

李時珍の『本草綱目』の影響は大きく、日本でも江戸時代に本草学が盛んになり、それにともなって、薬用真珠の概念も普及していった。(2) もともと真珠は九三パーセントが炭酸カルシウムなので、サプリメントとしても最適だった。ただ、中国の真珠は淡水真珠だったが、日本では宝石としても使えるアコヤのケシ真珠がすりつぶされ、服用されることになった。

薬用真珠では伊勢真珠と尾張真珠が有名だった。伊勢真珠は志摩領（英虞湾）で採れるアコヤ真珠のことで、これは上品《じょうぼん》とされていた。尾張真珠はイガイ、アサリ、ハマグリなどの真珠や貝の玉のことで、こちらは下品《げぼん》とされていた。こうして真珠の需要が出てくると、土佐《とさ》の浦《うら》ノ内《うち》湾や能登の七尾《ななお》湾などでもアコヤ真珠が採取されるようになっていった。

大村藩の真珠ビジネス

自分たちの真珠資源の価値を明確に理解していたのが肥前長崎の大村藩だった。

大村藩はアコヤガイ採取を藩の独占事業にしており、一般の人々には貝を採ることも、食べることも固く禁じていた。藩には貝の玉取り奉行という役職があり、その人物が各浦から集めた真珠を藩庁に納めていた。一年に銀一〇〇枚の報酬が支払われる高給職だった。

真珠貝採取は潜水夫を雇用して実施した。貝を剝くときは、作業員がごまかさないように、彼らを一ヵ所に集め、集団で監視させていた。丸く美しい真珠は貝の外套膜のなかにあることが多いので、日本ではそこだけを探していた。

真珠の販路については詳しい記録が残っていないが、所望する長崎の唐人に払い下げたり、大坂の蔵屋敷に運び、中央で売却していたようである。

大村藩はアコヤガイ保護にも熱心で、しばしば禁漁期間を設けたり、石や瓦《かわら》を海底に投入してアコヤガイの生息環境の改善にも取り組んでいた。真珠の生産量が増加すると、薬用真珠も生産されるようになった。大村湾の真珠膏《こう》、真珠丸《がん》はそれぞれ目薬と解熱剤のことで、江戸末期に人気を博した商品となった。天然真珠時代、大村藩こそが真珠の王国だった。

明治の水産関係者が認識した真珠の重要性

一八六八年、日本は明治の世となった。新生明治政府が直面したのは、極度の貿易赤字だった。殖産興業が唱えられ、外貨を稼ぐことが急務となった。そうしたなか、水産学の研究者たちが目を向けたのが真珠だった。

一八八三年の『大日本水産会報告』には高松数馬という人の「真珠介ノ説」が掲載されている。高松は、真珠は宝石のひとつであり、その価格がきわめて貴《たか》く、実に貴重なる水産物のひとつである、日本にも真珠貝は存在するが、保護や蕃殖《はんしょく》（繁殖）を計らなければ、減少または絶滅の恐れがあると警鐘を鳴らしている。さらに高松は、中国では淡水真珠貝に金属製や貝製の丸玉や彫刻物を入れ、貝を十ヵ月から三年飼育して、真珠を作っていることも報告している。

実際、中国では十二世紀の『文昌雑録《ぶんしょうざつろく》』にすでに十一世紀に真珠が作られていたことが記されている。中国の真珠は、淡水産カラスガイを使った貝付きの半円真珠や仏像真珠のことだった。貝殻内面に一センチ前後の半円形（半球形）の鋳型や仏像形の鋳型を張りつけるように並べておくと、外套膜の外側上皮細胞が真珠質を分泌するため、次第に真珠質で覆われていく。これが貝付き半円真珠、貝付き仏像真珠のことである。雪が物の形を残して降り積もったような感じと考えればいいだろう（図版7－1）。

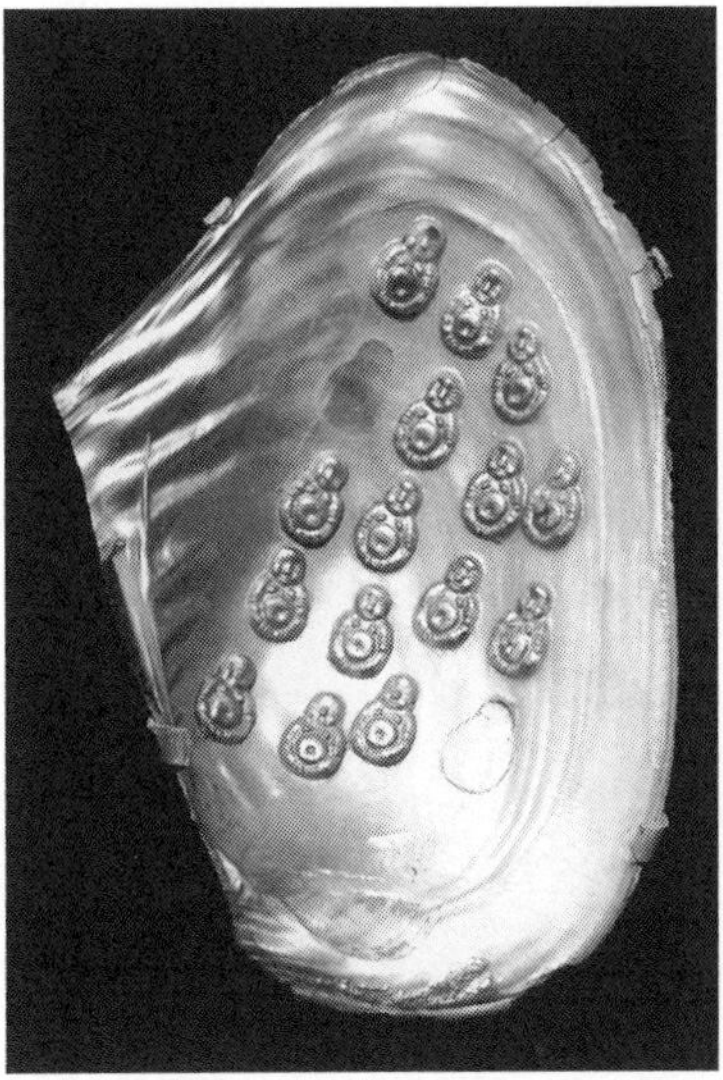

7－1　中国の仏像真珠（『「パール」展』図録）

当時、貝付き真珠の養殖は長江流域の浙江《せっこう》省の生糸農家の副業となっており、桑畑に点在する浅い池で大量のカラスガイが放養されていた。半円真珠はその部分だけ切り取られ、衣服や冠の装飾用の素材となり、仏像真珠は貝付きのまま工芸品として売られていた。十八～十九世紀、中国に赴いたヨーロッパ人が仏像真珠などを持ち帰ると、人々に衝撃を与え、彼らも真珠養殖の研究を始めることになった。

高松は欧米の文献などから中国の淡水真珠養殖のことを知ったようであったが、具体的なことはわかっていなかった。そのため彼がまず重要だと考えたのは、アコヤガイを繁殖させること

7－2　御木本幸吉　1922年ごろ（*Scientific Monthly* Oct. 1923.）

だった。

とはいえ、当時の日本ではアコヤガイの産地はそれほど多くなかったし、廃藩置県で藩の規制がなくなると、高価な真珠を生み出すアコヤガイはたちまち乱獲されるようになった。なかでも大村湾のアコヤガイの枯渇は深刻で、長崎県は一八八五年に大村湾の真珠貝採取を八年間禁止する条例を公布したほどだった。農商務省は、一八八九年に長崎、三重、石川、鹿児島などの真珠産出地方に訓令を発して、貝を繁殖させるよう指示を出している(3)。

御木本幸吉の登場

しかし、三重県の英虞湾では農商務省の訓令より早く、アコヤガイ繁殖事業が始まっていた。一八八七年、小川小太郎という志摩の人が事業を開始。八八年には御木本幸吉も乗り出した。小川は翌年死去したため、その後は御木本中心の事業となった。

御木本（図版7－2）は一八五八年（安政《あんせい》五年）、志摩国鳥羽《とば》大里町《おおさとまち》（現鳥羽市）のうどん屋の家に生まれた。生活は苦しく、十三歳のときに行商を開始。自学自習で読み書きを学んだ。恵まれた環境ではなかったが、それでも鳥羽で三番目の金持ちにはなりたいと思っていた[4]。

二十歳のとき、東京と横浜へ旅行。辮髪《べんぱつ》の中国人が大粒真珠やケシ真珠を信じられないほどの高値で買っていることを目撃し、真珠や海産物を扱う商人になった。二十二歳で鳥羽町会議員、二十八歳で志摩国海産物改良組合の組長に就任。その二年後に御木本はアコヤガイの繁殖事業を開始。前途有望な青年実業家だった。

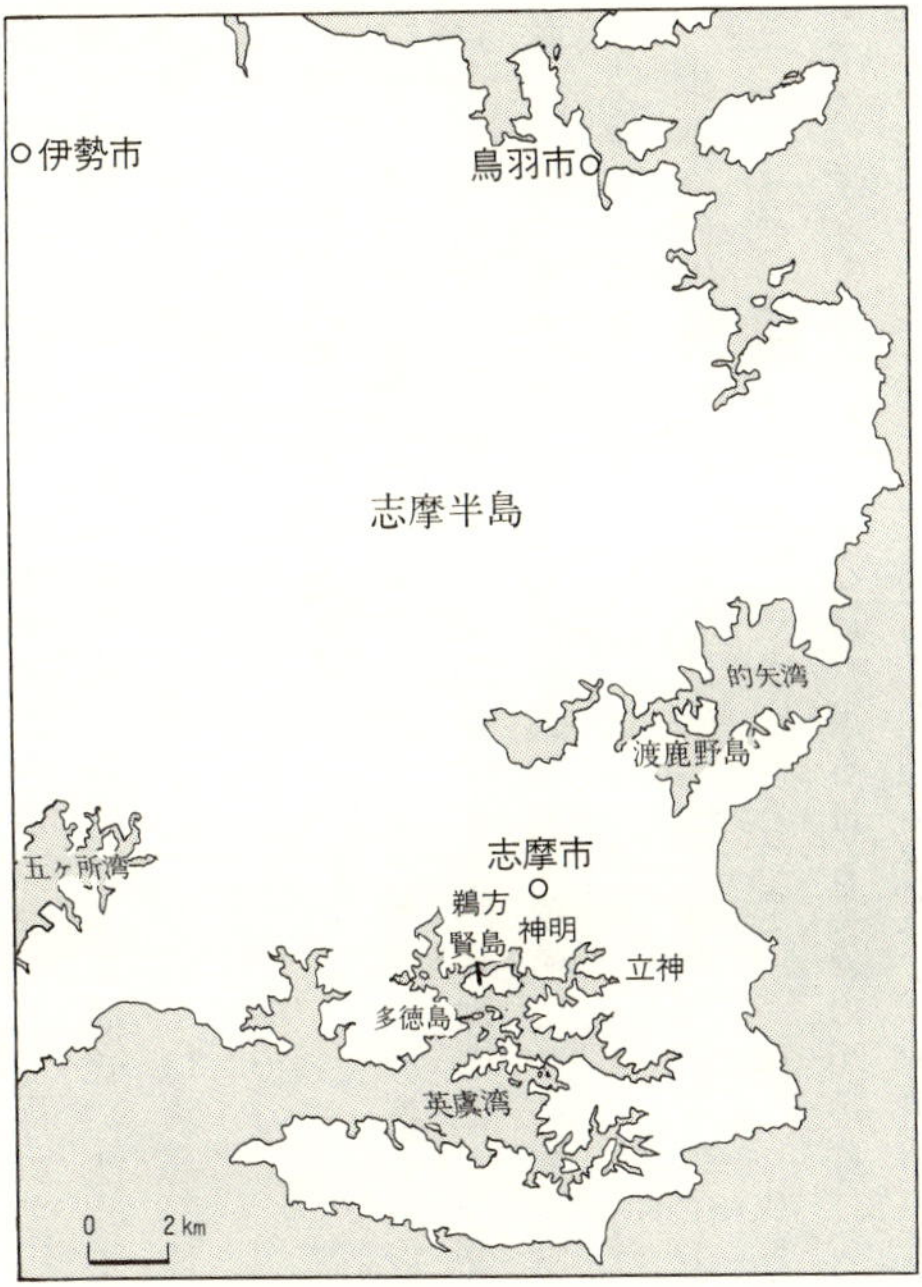

7－3　英虞湾と鳥羽

御木本幸吉が神明浦《しめのうら》村（現志摩市阿《あ》児町《ごちょう》神明《しんめい》）から借りた英虞湾の海域は、水深四～六メートルの波の静かな内海で、ここのアコヤガイからは真珠がよく採れていた（図版7―3）。御木本の事業計画は、綱につないだ松の枝や竹、岩石や瓦を海底に沈めておき、そこに付着したアコヤガイの稚貝を集めて、アコヤガイを増やし、ひいては天然真珠の収穫も増やすことだった。

御木本が半円真珠を作り上げる

一八九〇年、御木本は東京帝国大学動物学科教授の箕作佳吉《みつくりかきち》の知遇を得た。箕作から養殖真珠の可能性やおそらく中国の貝付き半円真珠のことを聞いた御木本は、さっそく真珠の生産に挑戦するようになった。中国の真珠養殖については具体的なことはわかっておらず、徒《と》手空拳《しゅくうけん》でのスタートだった。

御木本の娘婿だった乙竹岩造《おとたけいわぞう》の『伝記御木本幸吉』によると、御木本はアコヤガイに南京《ナンキン》玉《だま》（ビーズ）や陶土を丸めたものを入れていったが、吐き出すことが多く、真珠を孕《はら》ませることはできなかった。来る日も来る日も実験に明け暮れ、二年目、三年目が過ぎていった。一八九二年十一月には英虞湾に赤潮が発生し、神明浦の貝がほとんど全滅した。全財産を注ぎこんだ事業が一日にして海底のもくずとなったのである。さすがの御木本も絶望状態となった。しかし、すべてを失って裸一貫となると、生来の負けじ魂が発揮された。金策に走り回る日々となったが、無謀な試みへの冷笑も少なくなかった。

それでも御木本には自宅近くの鳥羽の海岸で実験している貝が残っていた。それが最後の望みだった。毎日、貝を開けていったが、失望の連続だった。しかし、その日はついにやってきた。

一八九三年七月十一日、御木本は貝殻内面に付着した半円真珠を発見したのである。御木本自身の言葉によると、[5]他人にこの喜びを告げられないので、そっとお梅（御木本の妻）に見せてやった。お梅はひそかに赤飯を神前に捧げた。御木本、三十五歳のときであった。

破竹の勢いの事業展開

御木本は貝付き半円真珠を完成させると、これで十分商売ができると考えた。三ヵ月後の十月には英虞湾の田徳島《たとくじま》（後に多徳島《たとくじま》と改名）という無人島とその周辺海域六万坪を貸借する契約を、神明浦村が合併した鵜方《うがた》村と締結した。旧神明浦村は半農半漁の村で、当初、反発もあったが、御木本は地元振興のため海女を雇うといった好条件を出し、村民を説得した。賃料は年五円と格安だった。

さっそく田徳島を開墾し、御木本真珠養殖場を開設した。一八九四年には箕作などの助言で半円真珠の特許を出願。一八九六年一月に認可された。

特許は「真珠素質被着法」というタイトルで、日本の真珠養殖の特許の第一号だった。[6]その内容は陶磁器や貝殻などで作った球形の核、あるいはその一部を切り取った核を食塩水に浸したり、食塩を振りかけた後、貝に入れて半円真珠を作るというものであった。中国に貝付き半円真珠の手法があるため、食塩処理という手順を加えてオリジナリティーを演出した。ただ、貝は海に戻すため、食塩処理がほんとうに必要なのかは定かではなかった。しかし、特許庁はこれを認可。十五年の年限があり、さらに十年延長できることになっていた。御木本は二十五年間、半円真珠事業を独り占めできるお墨付きを日本政府から得たのである。

特許を取得すると、家族や兄弟などと田徳島に移住して、真珠養殖業に専念した。毎年、五万個程度の貝を放養していった。一八九八年冬から九九年新春にかけて大量のアコヤガイを浜揚げした。量は報告されていないが、商業生産した最初の半円真珠だった。冬に浜揚げするのは、海水の温度が下がると真珠層の巻きが遅くなるが、その分、巻きが緻密《ちみつ》になって、この時期、真珠が一番美しくなるからである。真珠の化粧直しのようなもので、真珠関係者は化粧巻きと呼んでいる。すでに御木本は真珠を採り出す最適の時期を知っていたようである。

このとき、御木本は鳥羽の海で初めて半円真珠を作ってからまだ六年もたっていなかった。しかし、彼の頭のなかには半円真珠のビジネスモデルがしっかり構築されていた。それは、アコヤガイの繁殖、半円真珠の生産、半円真珠の加工・販売の三本立てになっていた。まずひとつ目のアコヤガイ繁殖事業から見ていこう。

御木本のアコヤガイ繁殖事業

真珠養殖業で最初に重要なことは、核入れに必要なアコヤガイの確保である。当時、アコヤガイの減少は全国的な傾向だった。御木本はアコヤガイ繁殖事業からスタートしたが、その事業は繁殖を急務と考える農商務省にとっても都合のいいものだった。

箕作だけでなく、農商務省の嘱託で東大教授の佐々木忠次郎《ささきちゅうじろう》、岸上鎌吉《きしのうえかまきち》などの専門家たちが御木本の事業に惜しみない助言を与えていった。彼らとしてはアコヤガイが増えれば、他の海域に移植できるという思いもあった。日本の真珠産業はその黎明期《れいめいき》にすでに産学官共同体を形成していたのである。

こうした学者たちの協力で、アコヤガイの飼育方法が確立されていった。一八九八年二月発行の『大日本水産会報』（改題）には御木本自身が「真珠介養殖の方法」という小文を掲載している。その内容を彼の言葉を生かしたまま要約すると、次のとおりである。

真珠介（貝）は寒気に斃《たお》れやすいので、冬期もっとも温暖なるところを選ぶのがよい。真珠介は岩石に付着して生息し、砂泥には生育しない。ゆえに海底は岩石よりなるところを選択すべきである。海深は干潮三尋以上六尋までがよい。浅いところは採取に便利だが、寒冷時に斃死《へいし》を免れない。深いところは介の生育には安全だが、採取の労が多い。

地形の選定が終われば、養殖場一帯に（一個）五〇〇目（一・九キロ）ないし八〇〇目（三キロ）の岩石を投入し、岩石で地盤を覆い、泥砂が現れないよう散布すべきである。もし砂泥が露出していれば、真珠介は砂泥に埋没して、斃死することがある。岩石は海藻が付着するのがよい。干潮時に他の海浜より収集すべきである。

（旧暦）五月上旬から六月中旬までに種介を蓄殖するが、約二〇〇〇坪に一万個の割合にすべきである。種介を入れた竹籠を海底に沈下し、海婦を使役して、種介五〇個くらいずつの割合で植え並べるべきである。

（旧暦）七月上旬になれば、孵化した黒胡麻《くろごま》ぐらいの幼介が母介の周辺や投入した岩石に点々と付着する。海底の浅処に付着するものも多い。それらを三尋以上の深処へ移植すべきである。介は一年ごとに区画を移していき、母介の採取期になるまで保護育成する。

真珠介は蛸《たこ》、海盤車《ひとで》、黒鯛《くろだい》等により侵害される。なかでも蛸は養殖場附近へ巣窟《そうくつ》を構える。蛸壺《たこつぼ》を投入し、箱眼鏡を使用して蛸の捕獲に勉《つと》めるべきである。

赤潮に触れた魚介は数時間で斃死する。五尋以上の海底には侵害を及ぼすこと少ないため、（赤潮が来れば）急速に真珠介を竹籠に並べ八尋以上の海底へ避難させるのがよい。赤潮はしばしば起こるわけではない。しかれども天災は量り難い。準備なしではいけない。

このようなことが、御木本の「真珠介養殖の方法」には書かれていた。

繁殖事業の重要性

御木本の養殖方法は地蒔《じまき》式といわれるが、アコヤガイを船の上からばらまいて、海底で放養しておくだけではなかった。数キロの重さの岩石を投入して砂泥を埋め、一定の割合で種貝を並べ、貝が寒くないか、砂泥のなかで窒息していないかをチェックし、タコを追い払い、生まれた稚貝を水深三尋以上の海に移転させる。御木本は、こうした手間暇をかけながら、稚貝が核入れ用の母貝に育つまで、三〜四年かけて飼育していた。

　この事業の最大の特徴は、植物の苗を畑の畝に植えていくように、海女が種貝となるアコヤガイを五〇個単位で海底に並べていることだろう。もともと英虞湾のある志摩地方は、伊勢神宮にアワビなどを奉納するため、日本でも指折りの海女文化が育った地域だった。御木本の事業は、そうした海女がいなければできない海の農耕作業であった（図版7―4）。

7－4　英虞湾の海女船　船に暖炉があり、海から上がった海女たちが暖を取った（久米武夫『ダイヤモンドと真珠』）

　中国の淡水真珠養殖は桑畑のなかの浅い池で行われていた。江戸時代の広島のカキの養殖は、浅瀬に竹ひび（竹矢来のようなもの）を立てて稚貝を集め、稚貝は放養池で飼っていた。ヨーロッパのカキの養殖でも海岸に溝を掘った囲い池で行われていた。

　しかし、御木本のアコヤガイ繁殖事業は制御不可能な海の底の作業であった。淡水真珠貝やカキの養殖よりも大変で、前例のないものだった。比較養殖史の観点からも、御木本のアコヤガイ事業はもっと高く評価されるべきだろう。

手間暇かかるアコヤガイであったが、無事に育て上げると、利益は意外と多かった。一個数百円はする高価な天然真珠が転がり出ることがあったし、貝殻もボタンの原料として輸出できた。御木本自身も「真珠介養殖の方法」のなかで、アコヤガイ繁殖の利益を確信したと述べ、その方法を披露したのである。それにしても、御木本は企業秘密にもできるアコヤガイ繁殖方法をなぜ公にしたのだろうか。

筆者は、御木本が半円真珠事業を拡大するには、母貝となるアコヤガイが不足することを見越していたからだと考える。アコヤガイ繁殖事業も儲かるが、それよりさらに儲かる半円真珠事業に向かうため、母貝繁殖に関しては他人にゆだね、自分の養殖場での割合を減らしたかったのかもしれなかった。

貝付き半円真珠事業

御木本の三本立て事業の二つ目が、貝付き半円真珠の生産だった。御木本の事業の中核であり、一番儲かるところであった。この部分は一八九六年の半円真珠の特許でしっかりおさえており、何人たりともこの事業に参加させない決意であった。

半円真珠の生産は理論的には難しい技術ではなかったが、実用化の苦労は別である。貝の口の開け方、核の材料や挿入方法などの生産工程をひとつひとつ自分たちで考案していく必要があった。核が挿入されたアコヤガイは海女が海底に戻し、さらに三〜四年飼育した。アコヤガイの飼育には、繁殖事業で習得したノウハウが役に立った。

そうして稚貝のときから数えて七年半が過ぎると、アコヤガイを浜揚げし、半円真珠を収穫するが、成績はすこぶる良好だった。御木本は品質管理を徹底し、生産量の二割ぐらいしか市場に出していなかったので、全生産量はわからないが、二回目の浜揚げが実施された一九〇〇年には良質な半円真珠四二〇〇個を販売し、一個二円で八四〇〇円を売り上げた。三回目の一九〇一年には五五〇〇個、六回目の一九〇四年には一万一〇〇〇個を販売。施術する貝も一年で二五万個を目標としていた。一九〇二年には一〇〇万個の貝を放養していた（図版7—5）。

7−5　多徳島の真珠養殖作業場（『ダイヤモンドと真珠』）

半円真珠の加工と販売

御木本の三本立て半円真珠事業の三番目は、真珠の加工と販売だった。

御木本の第一回目の半円真珠の浜揚げは一八九八年冬から九九年一〜二月に行われたが、その三月には東京銀座《ぎんざ》に御木本真珠店を開業。半円真珠やアコヤガイの天然真珠を売り出

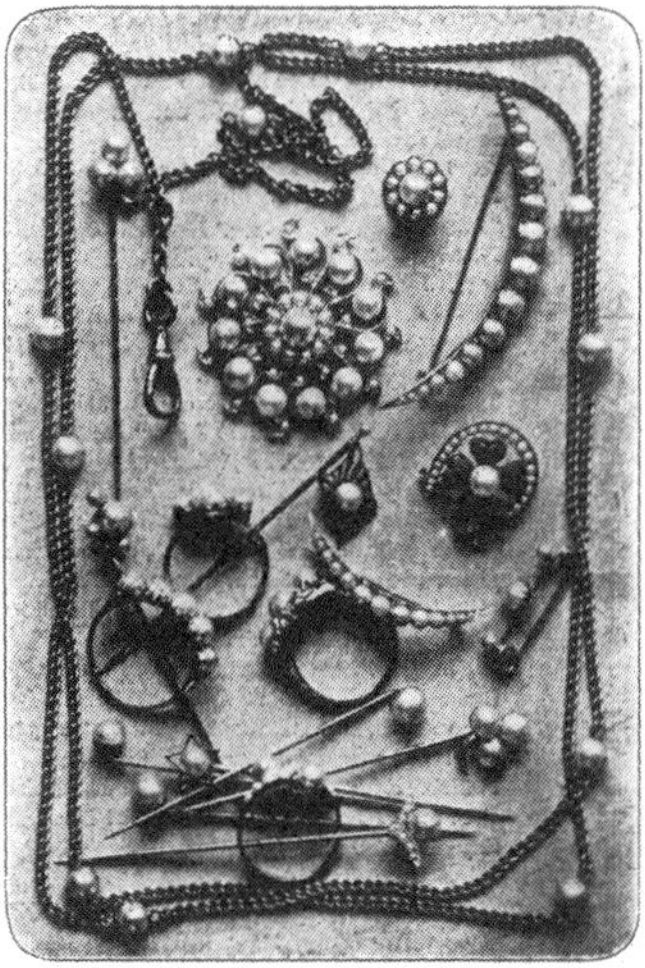

7―6　御木本の半円真珠の宝飾品　1904年ごろ（S. Saito, *Japanese Culture Pearls.*）

した。このとき、明治天皇に良質な養殖真珠を献上し、新聞が取り上げる話題も作っている(7)。一九〇二年には日本滞在の外国人や日本の富裕層向けの真珠の装身具を外注するようになり、一九〇七年には御木本金細工工場を設立した。真珠や真珠製品は、横浜の外国商館を通じてイタリア、イギリス、フランスなどに輸出した。中国の需要も大きかった。

当時、一般の人々にとって宝石といえばメノウかサンゴの時代だった。そうしたなか、鹿《ろく》鳴館《めいかん》も西洋の舞踏会も見たことのない鳥羽のうどん屋出身の男性たちが、いきなり真珠の宝飾品事業に乗り出したのだから、これはなかなか大胆なことではないだろうか。

しかも、その出来栄えが素晴らしいのである。一九〇四年のパンフレットにブローチ、指輪、ネクタイピンなどの写真が載っているが（図版7―6）、半円であることを感じさせない見事な宝飾品となっている。半円真珠は指輪やブローチなどに埋めこんで使えば、まったく問題ない商品だった。

ただ、球形にするには加工が必要だった。半円真珠の下面の扁平《へんぺい》なところに適当な物質を充塡《じゅうてん》して球形にした。何かの拍子に真珠が外れることもあり、真珠を喜んで買った外国の客からのクレームも多かった。御木本の義弟の久米《くめ》武夫《たけお》は「当時の真珠は何んと云《い》つても半径（半円）裏張り真珠で、品物として種々の故障が起つていたのも是非ない事である」と述べている。(8)

少々危なっかしい商品であったが、御木本は御木本真珠の究極の顧客として天皇家を狙っていた。天皇家も世界における真珠人気を知っているので、渡欧のさいの土産品として、御木本真珠をひきたてていた。皇室は御木本にとって大変ありがたい存在だった。

御木本王国の誕生

以上が、御木本の三本立て半円真珠業の全容である。母貝の繁殖、半円真珠養殖、半円真珠の加工・販売という川上から川下までおさえる垂直統合型の事業だった。しかもその事業は海を舞台にした壮大なものだった。海の底での貝の植え付け。真珠の収穫まで七年半という長い年月。空間的・時間的な広がりをもつ海の真珠業は、だれもが思いつく事業ではなく、アコヤガイのいる内海に恵まれ、海女の文化に親しんでいた鳥羽の御木本だからこそ思いついた事業といえるだろう。たしかに御木本は真珠形成の発明者ではなかったが、海の真珠業の父であった。これまで半円真珠事業は、球形真珠の前哨戦《ぜんしょうせん》と見なされ、十分議論されてこなかった。しかし、御木本の天才的アントレプレナーシップはむしろ半円真珠事業で発揮されたのだった。

御木本の半円真珠事業は順調で、政財界や行政府にも人脈を築き、御木本王国は急成長していった。真珠養殖ではさらに広い海域が必要となり、一九〇三年には五八万坪の海域を鵜方村などの三村から借り受け、一九〇五年には五五万坪の海域を英虞湾立神《たてがみ》村から貸借した。どちらも二十年契約だった。このような契約が可能だったのは、志摩の村民が半農半漁、あるいは純農民や出稼ぎ労働者が多かったからだった。

一九二一年になると、御木本の会社は、三重県の英虞湾と五ヶ所《ごかしょ》湾、長崎県大村湾、沖縄県石垣島《いしがきじま》などに養殖場をもっていた。貸借海面一〇〇〇万坪以上、年間四〇〇万個の貝を飼育し、一〇〇万円の売り上げがある大企業となった(9)。

鵜方村や立神村の村人たちは、真珠養殖業が儲かることがわかってくると、後に続きたいと思ったが、気がつけば地先海面のほとんどすべてを御木本に独占されていた。これまで日本の海は入会《いりあい》という共同利用が原則だった。しかし、これらの村の人々は子どものころから親しんできた目の前の海を、二十年間、まったく利用できなくなっていた。他の真珠の産地でも、御木本の特許のため、やはり半円真珠事業には参入できなかった。

真珠の産地の人々に残された道は母貝事業者になることであった。御木本は一定の海域でアコヤガイを繁殖させていたが、産卵や稚貝の成長は順調で、英虞湾一帯でアコヤガイが自然に増え出す傾向となっていた。御木本自身は地域振興のために母貝を優先的・独占的に買ってやる、海女を雇ってやるというスタンスだったが、母貝と海女がなければ彼の事業は立ち行かない内容でもあった。一九二〇年には全国で年産六〇万〜六八万キロの母貝の生産があり、その四分の三を御木本が買っていた[10]。日本の真珠業は御木本王国を中心に回っていた。

反御木本派の結成

御木本による事業の独占と海域の独占は、当然ながら多くの人の嫉妬《しっと》や反発を買い、以後、日本の真珠史は御木本と反御木本派とのすさまじい抗争のなかで展開されることになる。

最初の動きは、一九〇五〜〇六年に半円真珠の生産者たちが現れ出したことだった。御木本は彼らを自分の特許の侵害行為として刑事告訴していったが、生産者たちは御木本の特許は中国に例があり、無効であると逆に特許局に訴えた。しかし、特許局の審判では御木本有利の審決が出されつづけ、特許権侵害の裁判でも生産者たちに禁固三ヵ月の有罪判決が下った。こうしたなか、一九一一年に御木本の半円真珠の特許の十年延長が決定されると、反対派の怒りが爆発。全国の反御木本派が結集して御木本を訴える大騒動となった。一九一二年の大審院判決で生産者たちの無罪が確定。御木本の特許そのものは否定されなかったが、核に食塩処理をしなければ、半円真珠が生産できるようになった。

海面の独占では、御木本の二十年契約の満期が近づくと、海域奪回運動が勃発した。一九二三年には鵜方村が御木本から海域を取り戻そうとした。しかし、六年間紛糾し、村を二分までしたが、結局、海域の貸借料の値上げで鵜方村が妥協することになった。

一方、立神村では村の人が一致団結して御木本と戦った。立神村の記録によると、(11)村人が御木本と直接交渉したとき、御木本は憤怒の色を浮かべ、立神村のごとき百姓と大工で渡世してきた村が、真珠養殖に手を出すのは危険である、つまらぬ考えを起こさず、百姓や大工で世渡りするのが得策だろうと威圧し、さらに真珠の漁業権は「余が時の総理大臣桂《かつら》（太《た》郎《ろう》）公に頼み込んで、漁業種目の中に入れさせたものであるから、謂《い》はば……余が事業の上に与へられたる特権であつて……横合ひから漁業権を渡せなど云ひ出すは、不都合千万……権利を得んと欲するならば、勝手に知事に願つて取つてみるがよい」とすごみを利かせた。脅しに近い御木本の発言にも負けず、村人は宣伝歌やビラを作り、集団監視体制で団結を維持し、貸借海域の七三パーセントを取り戻した。一九二五年のことだった。ただ、その後、立神村の真珠業者は母貝の入手などをめぐって御木本からさまざまな圧力を受けることになった。(12)真珠業は、海はだれが使うのかという問題とは切り離せない事業でもあった。

＊　＊　＊　＊

半円真珠事業によって御木本王国は急成長した。御木本の名声は内外に鳴り響き、莫大な富を手に入れた。しかし、盤石に思える御木本王国にも弱点があった。八方ころびと称される真ん丸の真珠を何年たっても開発できなかったのである。

当時の人々は真ん丸の真珠のことを真円真珠と呼んでいた。真円真珠は貝殻内面のどこにも触れずに作らなければならないため、まるで空中で真珠を作り出すような難しさがあった。しかも都合が悪かったのは、当時の売れ筋はネックレスだった。半円真珠には不向きである。御木本が養殖場の技術者たちに一刻も早く真円真珠を作り出すよう檄《げき》を飛ばしていたことは想像に難くないだろう。

御木本以外にも多くの日本人がこの難問に挑んでいた。「『半円真珠で御木本に頭を押へられるよりは球円を発明して鼻を明かし、御木本以上の富を摑《つか》んでやらう』とねらふ連中が少くなかつた」のである。[13] この章の後半では、時代を一九〇〇年代はじめに戻し、真円真珠の発明に挑んだ人たちを見ていくことにしよう。

ほんとうは正しくなかった真珠の寄生虫説

まず真円真珠養殖の世界の動向を見ておこう。

十八〜十九世紀に中国の仏像真珠がヨーロッパにもたらされると、ヨーロッパ人は心底驚いた。以来、真珠形成への挑戦や真珠の成因究明が盛んに行われるようになった。一九〇〇年代はじめには次のことがわかっていた。

貝の外套膜という組織が、貝殻内面の真珠層を形成すること、真ん丸の真珠は真珠袋という袋状の組織のなかで見つかることが多いが、真珠袋の細胞は外套膜の細胞と同じであることだった。つまり、貝の体内に真珠袋ができると、真珠が形成されていくようだった。ではどうすれば真珠袋はできるのか。

当時の最有力説は寄生虫説だった。寄生虫が体内に入ると、貝は防御反応で真珠袋を作り出し、真珠質を分泌して寄生虫を閉じこめるというのである。たしかにセイロン島の真珠ではジストマなどの寄生虫が真珠の核になっていることが多かった。ヨーロッパの学者たちは真珠を作るため、寄生虫のうようよいる水のなかで淡水真珠貝を必死に育てていた。

しかし、真珠のなかには核として寄生虫をもたず、真珠質だけでできている真珠も少なくなかった。いわゆる無核真珠である。この無核真珠の存在は、寄生虫説では説明できない謎であった。

日本人が発明した真円真珠形成法

こうした状況のなか、日本では一九〇〇年代から一〇年代にかけて見瀬辰平、西川藤吉、上田元之助、藤田昌世のアイデアが体系化され、真円真珠の形成法が確立していった。その方法は、生きた外套膜の細胞の再生機能を使う画期的なものだった。

まずアコヤガイの外套膜の外側（貝殻側）上皮細胞の一片を用意する。それを核に付着させ、貝の体内に入れると、細胞の一片は核に沿って分裂し、増殖する。やがて核を包みこむ袋状の上皮細胞、すなわち真珠袋となる。真珠袋は核をコーティングするように真珠質を分泌し、その核が丸く美しい真珠になるという次第である。

寄生虫は貝の体内に入るとき、自分が破った外套膜外側上皮細胞の一部を一緒に持ちこんでしまうため、真珠という石棺に覆われることになったのだった。無核真珠は、何らかのきっかけでちぎれた外側上皮細胞の切れはしだけが作り上げたものだった。

外側上皮細胞の一片を使う真円真珠形成法は「ピース式」と呼ばれている。今日の真珠養殖の基本原理で、日本の技術優位を確立した技術であった。しかし、その開発の経緯は、日本人の奮闘努力の末の快挙の物語というよりも、さまざまな利害やしがらみがからみあう暗くて複雑な物語となった。真珠業界が長い間あいまいにしてきた問題でもある。何があったのか、もう少し見ていこう。

7－7　真円真珠の発明者、見瀬辰平（真珠新聞社編『真珠産業史』）

見瀬辰平は世界で初めて真円真珠を作り出す

まず真円真珠の生みの親である見瀬辰平（図版7－7）から見ていこう。

一九〇〇年代はじめ、御木本はまだ真円真珠を作り出せていなかった。三重県的矢《まとや》湾の渡鹿《わたか》野《の》島《じま》出身の見瀬は「御木本氏が養殖した貝付真珠を真珠として認めるものにあらず。八面玲瓏《はちめんれいろう》たる真珠を産出してこそ真珠として、いささか世界に誇るにたる」と思っており[14]、はじめから真円真珠を狙っていた。

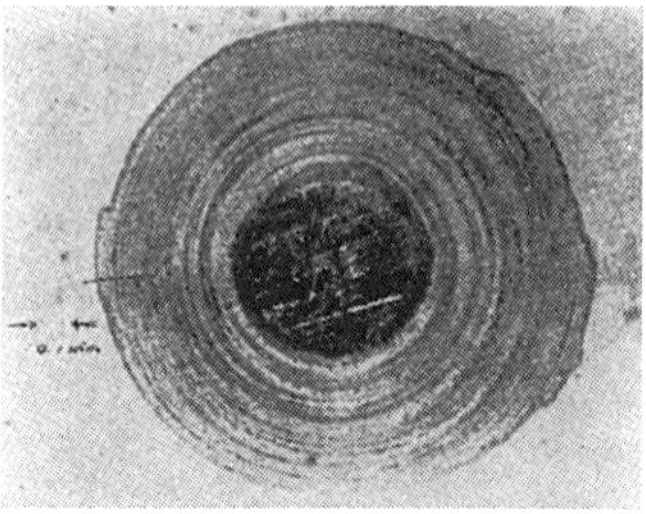

7－8（上）見瀬の真円真珠の断面図（『国立真珠研究所報告』1956年）

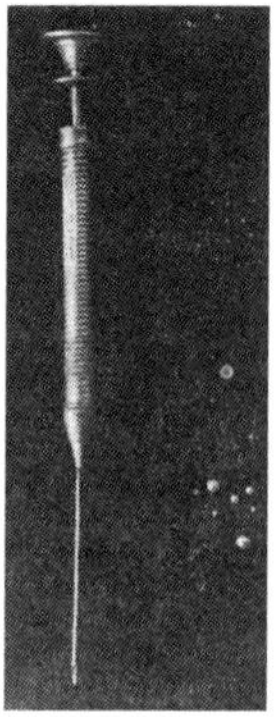

7－9（左）見瀬の核挿入針と真円真珠（松井佳一『真珠の事典』）

見瀬は一八八〇年生まれ。養父がオーストラリアで真珠貝採取の仕事をしたことがあり、真珠に関心をもっていた。三重県水産試験場の助言の下、渡鹿野島で真珠養殖を開始。的矢湾にはアコヤガイは生息していなかったため、一九〇二年五月、英虞湾から一万五〇〇〇個を移植。それらの貝を使って実験に没頭した。

見瀬の手記によると、一九〇三年八月に真円真珠形成法を思いつき、一九〇四年には真円真珠を作り出した。一九〇八年時の写真（図版7－8）が残っているが、写真では〇・五ミリの銀製の核を中心に真珠質が同心円状に巻かれており、一・五ミリの見事な球形真珠になっていることがわかる。別の写真（図版7－9）も残っており、見瀬の真珠は小粒だったが、真ん丸の真珠だったことを示している。いまから見るように、見瀬は、真円真珠を作ろうという意図をもって、真円真珠を作り上げた世界で最初の人だった。

一九〇三年以降、見瀬は、海女を雇い、養殖する貝を五万、八万に増やし、さらに研究を進めていた。一九〇五年二月、見瀬は特許を出願した。しかし、特許局はその方法は「創設的発明と認め難し」として却下。[15] 見瀬は再審査の請求を何度も行ったが、結局、受理されなかった。今日、この特許の詳細は不明である。

こうしたことから見瀬は作戦を変え、一九〇七年三月に真円真珠を作るための挿入針の特許を出願した。幸い、七月に認可された。[16] この特許の挿入針は、外皮細胞（外套膜外側上皮細胞）をすくいとれる仕組みになっており、明細書には「挿入ノ際ニ外皮細胞ノ幾分ヲ核ニ伴ハシムルコト最モ必要ナリ」と書かれていた。つまり、見瀬の真珠形成法は、外側上皮細胞の一部を核に付着させて、外套膜の結合組織内で真珠を作るという内容であり、今日の真珠養殖の基本原理そのものであった。見瀬はもっとも正しい手順で真珠を作り出したことが明らかになるのである。志摩の養殖業者たちはこの真珠形成法を「見瀬一部式」と呼んでいた。[17]

ところで、英語では宝石のことをジェムと呼ぶ。真珠はいつの時代も最高の宝石だった。筆者は見瀬が外套膜上皮細胞の再生機能で真円真珠を作ったことに鑑《かんが》み、見瀬の真珠形成法をバイオ・ジェミゼーション（生物による宝石形成）として評価したい。バイオ・ミネラリゼーションという言葉はあるが、バイオ・ジェミゼーションは筆者の造語である。

西洋の学者は百五十年以上真珠を研究しても、なかなか成功しなかった。見瀬は外側上皮細胞を核に付着させることで、短期間で真円真珠を作り出したのである。

特許の抵触問題

挿入針の特許の次は、真円真珠を作る方法そのものの特許を取る必要があった。

一九〇七年五月、見瀬は「真珠人工形成法」の特許を申請した。その内容は「生介の外套膜より外皮細胞を分取して核に附着せしめたるものを……（別の生介の）締結組織内に送り込み其《その》介を水中に放養し以《もっ》て核に真珠質を被着せしむ」るというものだった(18)。繰り返すが、この内容こそが今日の真珠養殖の基本原理である。

見瀬は挿入針の特許が認可されたので、この特許の認可も待っていたが、一九〇八年二月になると、特許局は、見瀬の特許は、西川藤吉という人が一九〇七年十月に出願した特許と内容が抵触すると通告してきた。見瀬は再審査を請求したが、認められなかった(19)。

西川という人物は東京帝国大学を卒業後、農商務省水産調査所を経て、当時、東大三崎《みさき》臨海実験所などを拠点に研究する水産学の専門家だった。特許抵触の通知が届いた後、見瀬のところには西川の兄弟、東大や農商務省関係者などが説得に訪れ、結局、見瀬は「真珠人工形成法」の特許を西川に譲ることを承諾した。一九〇八年九月のことだった。見瀬の特許（一九〇七年五月出願）は西川の特許（一九〇七年十月出願）に合体されたようで(20)、出願者は西川藤吉に一本化されて、継続申請されることになった。

見瀬の手記によれば、彼が譲歩したのは、自分の特許はまだ改良の余地があると考えており、さらに西川が病で死期が近いため、東大出の学者の名誉を重んじたためだった。真円真珠の特許を御木本に取られないようにするという両者の共同防衛もあったと思われる。見瀬自身はこの特許を使用できることになっていた。しかし、もはや特許権者ではないため、これから富の源泉となるこの特許を手放したことに変わりはなかった。

見瀬辰平は大村湾のアコヤガイを復活させる

見瀬が特許を出願していたところ、彼を熱心に誘う人がいた。旧大村藩主家出身で、当時、伯爵だった大村純雄《おおむらすみお》だった。彼は大村湾に真珠業を興したいと思っていた。

大村の誘いを断りきれなかった見瀬は、一九〇七年七月ごろ、数年の約束で大村湾に赴いた。資本金一〇万円の大村湾水産養殖所が設立され、見瀬は技術係長に就任した。大村湾のアコヤガイの枯渇は予想以上だった。見瀬は三重の海女や長崎の海人を雇って種貝を一ヵ所に集めたが、たった四〇万個しかいなかった。貝の繁殖が急務だった。ただ、御木本幸吉が行っていた方法などでは、貝が増えるまでに三～四年はかかる。

そこで見瀬はイタリアのカキ養殖の手法を取り入れ、浅瀬の海に縄や粗朶《そだ》をくった木材を立て、稚貝を付着させた。すると翌年、貝は数百億ともしれぬほどの大繁殖となり、関係者を大いに喜ばせた。東京からも視察が相次いだ。見瀬は手記のなかで「大村養殖所および技術員の得意おもうべし」と語っている。大村湾は英虞湾と並ぶアコヤガイの大産地として蘇《よみがえ》ったのである。見瀬は大村湾の真珠貝繁殖においても大きな業績を残したのだった。以来、大村湾は、御木本に独占された英虞湾と異なり、多くの養殖業者が起業する真珠の新天地になっていく。

見瀬は大村湾でも見事な真円真珠を作り出していたが、真珠は小粒で、何年待っても大粒真珠に育たなかった。そのため見瀬自身が自分の技術は不完全だと思っていた。小粒の核では真珠が大きくならないことは当時の難問であったが、その理由は今日でも解明されていないらしい。

大粒真珠を作り出す

見瀬は数年して大村湾から戻ると、今度は自分の養殖場の設立を目指して奮闘した。しかし、見瀬の手記によると、御木本の弁護士から横やりが入ったり、出資者が離反したりして、なかなか設立できなかった。

一九一四年、彼の仲間の上田元之助が大玉真珠の形成法を思いつき、見瀬が改良して実験したら、一九一五年に五ミリ台の真珠を作り出すのに成功した。[21] 一九一六年五月に見瀬や上田名で「真珠形成核挿入法」の特許を出願し、翌年認可された。[22] その特許の明細書によると、貝の肉組織を刀によって切開し、核をかろうじて運べる挿入経路を作り、その経路を通して大なる直径を有する核を体内の奥深くに置くというものであった。

初期の方法では小さな核を使用し、貝の開口部近くの外套膜の結合組織内へ核を挿入していたが、このやり方を一八〇度変更したのが奏功した。貝の体をメスで切り、大きめの核を貝の体の奥に押しこむ方法こそが、真珠養殖を実用化させた方法だった。「ピース式」とともに今日の真珠養殖の基本である。当時、多くの人が似たようなことを考えていたので、彼らが最初かどうかは定かではないが、技術開発の最前線にいたことは間違いないだろう。見瀬と上田はついに五ミリ台の大粒真珠を作り出したのである。ただ、歩留まりは悪かった。彼らはさらに改良を試み、一九二〇年には「球形真珠形成法」（いわゆる「誘導式」）という特許を取得した。(23)

見瀬はこれらの特許を基に自分の事業を立ち上げようと再び努力したが、出資者に恵まれず、事業化は完遂できなかった。当時は技術だけではアントレプレナーになるのは難しく、資本があってこそ、事業が可能な時代だった。ただ、見瀬の特許の存在は、御木本に対抗できる重要な手段となっていった。とくに三重県で分権を希望する養殖業者が多かった。見瀬もいろいろな人の問い合わせに熱心に応《こた》えていたという。一九二四年、四十四歳の若さで死亡した。

見瀬のライバルとなった西川の意義

次に見瀬が自分の「真珠人工形成法」の特許を譲った西川藤吉という人物について考えて

みよう。

西川は一九〇七年十月、見瀬と抵触した特許を含め、計四件の真円真珠形成の特許を申請した。それらの特許の内容は、真珠袋を構成すべき細胞を貝体の組織中に入れて真珠を形成するというものだった。しかし、真珠袋を構成すべき細胞が何であるのか特定できておらず、貝の体のどこに入れるのかも特定されていなかった。[24] きわめて漠然としていたが、それでも特許を申請したのだった。

ただ、西川はこれらの特許のなかで、真珠袋が形成されると貝殻質を分泌する、それが真珠であると述べており、こうした文言によって、西川は真珠袋による真珠形成の原理を解明したと見なされてきた。見瀬は外套膜外側上皮細胞の重要性に経験によって気づいていたが、真珠袋という概念は知らなかった。つまり、西川こそが、寄生虫ではなく、何らかの生きた細胞が真珠袋を形成し、真珠を作るということに気づいた世界で最初の人だった。

その後、西川と見瀬の特許は抵触したが、両者の話し合いによって、見瀬が譲歩。西川は見瀬の特許と自分の特許を合体した特許をはじめ、計四件の特許を継続申請。しかし、一九〇九年に死亡した。

一九一六年六月になると、特許局は、見瀬と西川の特許を合体した真珠形成の特許（一九〇七年五月出願）を認可した。同時に特許局は西川の他の二件の特許を認可し、翌年さらに一件を認可した。[25] これらの特許が「ピース式」あるいは「西川式」と呼ばれている真円真珠形成法である。戦前、多くの真珠業者たちが使用した特許だった。特許が許可されたとき、西川藤吉はすでに死去していたため、真珠養殖に関して自分で何ひとつ苦労していないわずか十歳の西川の遺児真吉が特許権者になった。これらの特許が終了するのは一九三六年および三七年のことである。

このような経緯があって、西川は日本の真珠史できわめて高く評価されることになった。見瀬はすでに一九〇四年には真円真珠を作り上げていたのに、今日、多くの書物では、真円真珠は西川と見瀬がそれぞれ一九〇七年に発明したと解説されるのが一般的である。しかし、西川の行動を検証していくと、彼をほんとうに真円真珠の発明者として評価してよいのかというくつかの疑問が出てくるのである。本書では最大の問題点だけ指摘しておきたいが、それは、西川はほんとうに真円アコヤ真珠を作り出したのかという疑惑である。

西川が作った真珠はいびつな淡水真珠だった

西川は一九〇九年に死去し、一九一四年に彼の遺稿集『真珠』が出版された。西川の研究過程をよく知る東京帝国大学教授の飯島魁《いいじまいさお》が序文を寄稿し、そのなかで西川は一九〇七年ごろ、「蚌貝《カラスガイ》」から真珠を形成したが、その真珠は不規則形で、価値がなく、殖産上利用できる望みはなかったと語っている。(26) ただ、飯島は、西川は真珠の形成原理を解明したとして、その実績をたたえている。カラスガイは中国だけでなく、日本各地の川や池にもいる淡水真珠貝である。西川の真珠はいびつな淡水真珠に過ぎなかった。

これまで西川には真円真珠の完成品も写真もないことを問題視する声があったが、真相は人に披露できる珠がそもそもなかったのかもしれなかった。

つまり西川は真珠形成原理を解明したとはいえ、一九〇七年ごろにはアコヤの真円真珠は作れていなかった。しかし、飯島以後、このことは語られなくなっていった。一方、見瀬は小粒とはいえアコヤガイの真円真珠を作り出し、その後、大粒真珠の実用化にも大きな足跡を残している。見瀬こそを真円真珠の発明者として顕彰すべきではないだろうか。

戦前、見瀬の業績をたたえる石碑を作るため、紀州の大石が渡鹿野島に運ばれたことがあった。しかし、御木本の圧力で中止になり、大石はいまも浜辺に転がっているという[27]。こうした見瀬を再評価したのが、日本の真珠養殖についてGHQレポートを書いたA・R・カーン博士だった[28]。以来、何人かの研究者が見瀬の意義を強調してきたが[29]、今日では再び西川重視の傾向となっている[30]。真円真珠の発明から百年以上が過ぎたいま、見瀬の業績を正しく評価することが、私たちの務めである。

真珠を国家的事業に

西川は東大出の優秀な研究者だったかもしれないが、特許の申請は勇み足だった。いびつな淡水真珠を作っただけで、見瀬の真円アコヤ真珠の特許を奪ったのはやはり問題のある態度だろう。西川の弟子たちは、西川が高潔な人物だったとよく語っているが、真珠のもたらす富や名誉にやはり心が惑わされていた人かもしれなかった。

ただ、西川の気持ちを少々斟酌《しんしゃく》すれば、当時、西洋の真珠の法外な価格を知る大学研究者たちは、真珠を生糸のような輸出品にして、国家的事業にしたいという思いもあった。西川の下で働き、後に京都帝国大学教授になった川村多実二《かわむらたみじ》は、真珠業を大いに発展させ、単に一人や二人の養殖業者を利するのではなく、日本の沿海漁民一般を潤す事業にしたいと述べている。(31) 西川も、もしこの実験が成功した暁には毎年一隻ずつ軍艦が献納できるだろうと語っていたという。(32)

ただ、その事業はやはり西川本人が主導したかった。西川は一九〇七年十月、四件の特許を出願すると、十一月、自分の養殖場を淡路島に開設。御木本の多徳島や東大三崎実験所、大村湾の長島養殖場などとも契約し、申請中の特許の実証実験を始めている。しかし、見瀬と同様に、小粒真珠しかできなかった。西川が一九〇九年に死去すると、数年で御木本や東大の実験は中止となった。長島養殖場だけが研究を続け、一九一四年以降、小粒真珠を販売するまでになった。

御木本の巻き返し

ところで、西川は御木本の次女を娶《めと》っていた。西川が一九〇七年に自分の特許を出願し、独自に動き出すと、次第に御木本と対立するようになっていった。川村は「(西川と御木本は)仲があまりよくなかつた……性格上の相違といふやうな深い原因もあつて、親族友人等の斡旋《あっせん》位では中々解けない有様であつた」と述べている。

御木本にすれば、期待していた娘婿に独断専行された形だったので、その怒りは心頭に発していたはずだった。しかも、一九一二年になると、御木本の富の源泉である半円真珠の生産が自由化された。御木本は何が何でも真円真珠を作り出す必要に迫られていた。

一九一四年には「全巻式」という真円真珠形成法を考案し、特許を申請。一九一六年五月に認可された。(33) 特許の内容はミカンをハンカチで包むように核を外套膜ですっぽり包み、真珠を作るというものだった。この方法は作業効率が悪く、一日数十個しか挿核できなかったが、新しい真珠形成法だった。当時、御木本養殖場では従業員の発明は御木本名で出願することになっていた。「全巻式」の考案者は桑原乙吉《くわばらおつきち》だったが、特許は御木本名義となった。

御木本の「全巻式」特許が認可されてまもなく、西川が出願していた三件の特許(見瀬と西川の合体特許を含む)が認可され、翌年、さらに一件が認可された。(34) この順番から、特許局は、御木本が特許を取るまで、待っていたのではという説がある。いずれにせよ御木本は真円真珠の特許で一番乗りを果たし、真円真珠の世界的発明者となったのだった。御木本は真珠王と呼ばれ、栄光を独り占めすることになった。

藤田昌世による大粒真珠の商業化

見瀬は一九一五年には五ミリ台の大粒真珠を作り出したが、事業化にもたついていたため真珠生産の実用化に全力を注げなかった。そうしたなか、大粒真珠の実用化に成功し、「西川式」特許の普及に貢献したのが、藤田昌世だった。

藤田は、もともと西川のいる東大三崎臨海実験所で助手として働いていた人だった。一九一一年、東大の実験が中止になると、愛媛県で半円真珠事業を営む小西佐金吾《こにしさきんご》から出資を受けることになった。藤田は高知県宿毛《すくも》湾の丸島《まるしま》という無人島に三畳間を三つ作り、ひとり真円真珠の実験を行った。手伝いの者は水を運び、飯を作っては帰っていった。夜はランプを灯《とも》し、鉄砲を離さず、ロビンソン・クルーソーのような生活を送った。しかし、真珠はいつまでたってもいいものができず、そのうち小西は破産した。(35)

しかし、高知の大物政治家、林有造《はやしゆうぞう》が藤田の研究に出資することになり、一九一四年、資本金一二万円の予土《よど》水産が発足した。一九一六年、藤田はついに真ん丸の真珠を作り出し、その一七一個を大阪の商人に販売した。一九一七年も順調で、一九一八年の冬には一万一六〇個が浜揚げされた。一九一九年一月、これらの真珠を大阪堺《さかい》市の浜寺《はまでら》で入札によって販売。真珠には空前絶後の高値がつき、一二万円余の売り上げとなった。(36)

藤田が作り出した真珠は五ミリ台が中心で、六ミリ台も少しはあった。当時、これほど大きい真円真珠がまとまって売り出された例はなく、日本中の真珠業者を驚かせる事件となった。

藤田の技術は、見瀬と似たようなもので、貝の体をメスで切って、大きめの核を貝の内臓部へ挿入する方法だった。藤田は真珠袋を構成すべき細胞が外套膜外側上皮細胞であることを対照実験によって確かめた人でもあったため、(37)彼によって真珠形成の原理に基づく実用化が可能になったのだった。本書では藤田の方法を「実用ピース式」と呼ぶことにしよう。藤田は、西川や見瀬の特許があるため、自分の特許は取らなかった。西川の遺児の真吉と実施権契約を結び、高額の特許料を払いながら、宿毛で養殖を行った。なお西川真吉は母とともに御木本側で羽振りのよい暮らしをしていたが、すでに戦前に特許が終了。戦後になると、御木本真珠店在職中に商品を横流しして、御木本から放逐された。(38)

夢と消えた高知の真珠王国

藤田の真円真珠の成功で、高知の予土水産の名は全国にとどろいた。一九二〇年一月、社長の林は社名を予土真珠に変更し、資本金を六一万円に増額。事業の拡大に乗り出した。

しかし、同年八月、宿毛湾は未曽有《みぞう》の大洪水に見舞われた。養殖筏《いかだ》はすべて流失、海底は泥海となり、漁場は閉鎖に近い状態となった。林は破産し、翌年死亡した。『宿毛人物史』は次のように述べている。

「あの大洪水がなく、宿毛の養殖真珠事業が、そのまま順調に発展していたならば一体どうなっていたであろうか。現在の真珠界の地図は完全にぬりかえられ、おそらく林王国が出現していたであろうと思われる……宿毛こそ、世界に誇るべき、養殖真珠発祥の地であるが、途中で中断されたため、御木本パールの名におされ、世界はもちろん、国内、県内に於《お》いても、ほとんどこの事実が知られていないのは、まことに残念である」

こうして高知の宿毛で芽生えた真円真珠の試みはあっけなく終焉《しゅうえん》した。だが、ここで生まれた真珠こそが、次章で見るように、世界の真珠業者に衝撃を与えることになる。

その後、藤田は各地の養殖場に「実用ピース式」を指導することで技術料をもらうようになり、西川の特許を普及させていった。一九二一年になると御木本養殖場も指導していた。御木本には「全巻式」という方法があったが、藤田の「実用ピース式」によって効率的に大粒真円真珠が作れるようになった。

藤田は御木本から御木本専任を強要されると、これに反発。海の真珠養殖に見切りをつけ、琵琶湖で淡水真珠を作る決意をする。一九二四年、カラスガイを使って淡水真珠の生産に着手。一九三〇年代にはイケチョウガイの真珠も開発した。琵琶湖の真珠は戦後、ビワパールと呼ばれ、インドや中近東、欧米で高い人気を博し、藤田は「淡水真珠王」と呼ばれるようになった。

パールシティ神戸の誕生

一九二〇年、宿毛湾の予土真珠は倒産し、この会社に出資していた藤堂安家も全財産を失った。彼は林有造の秘書的立場の人だった。藤堂は職を求めて神戸に移住。しかし思うように仕事が見つからなかった。そうしたなか、彼が目をつけたのが、シミや汚れがあるため使い物にならず、打ち捨てられていた真珠だった。

天然真珠の時代、真珠のシミや汚れを取るためにカンナで削ったり、ムクの葉や鹿《しか》の角粉で磨いたり、あるいはニワトリに食べさせた。ニワトリの糞から出る真珠は輝きを増すことが知られていた。ただ、当時の真珠は小さかったので、ニワトリの胃のなかで溶けてしまうことも多く、いくら糞を探しても見つからないこともあった。

藤堂はサンゴのシミ抜きに過酸化水素水（市販名はオキシフル）を使用するのを応用して、真珠にも同じ手法を試みた。すると真珠のシミや汚れがきれいに取れた。一九二一年、真珠の漂白を行う小富士商会を設立。その後、真珠の染色や着色の技法も開発した。

神戸パールミュージアムの掲示板の解説によると、藤堂は真珠の漂白について「自分だけでなく、みんなが栄えないいかん」という考えの持ち主で、特許は取らなかった。一九二五年ごろになると神戸の北野町《きたのちょう》には真珠加工業者が軒を連ね、日本各地の真珠が集まるようになっていた。神戸には真珠を扱う中国人やインド人も多かったため、次第に神戸はボンベイに代わる真珠の集散地となっていった。戦後になると、パールシティ神戸の名は世界にとどろくことになる。

真珠養殖の技術革新

一九〇〇年代から二〇年代は日本の真珠業者や研究者たちが養殖技術を飛躍的に進歩させた時期だった。真珠も六ミリ前後が主流となった。[39]この時期の画期的な技術のいくつかを紹介しておこう。

真珠の核は、当初は陶製や銀製も試されたが、次第に真珠と重量が同じである淡水真珠貝の貝殻が使われるようになった。戦前は長江のドブガイが好まれ、戦後になるとミシシッピ川のイシガイ科の真珠貝が使われ、いまも続いている。

てこでも口を開けない貝の口は、小刀で無理やりこじ開けていた。御木本幸吉は一九〇二年に歯科医の桑原乙吉を採用。歯医者ならば貝の口を開けるのも得意なはずだった。桑原はその期待に見事に応え、歯科医の道具を改良して開殻器などを考案した。

きれいな大粒真珠を作るため、卵《らん》抜きという方法も考案された。一九二〇年代になると、真珠の核を生殖腺内に入れる方法が開発されていたが、そこだと精子や卵子で真珠がシミ珠になることが多かった。卵抜きは、養殖籠にアコヤガイを詰めこみ、劣悪な環境に置くことで、貝を弱らせて、精子や卵子を排出させる人工流産の方法である。弱った貝は大きな核を吐き出す力もなくなるので、シミのない大粒真珠が作れるようになった。猪野若蔵、猪野秀

7－10　垂下式の養殖籠を運んでいる光景　1925年ごろの五ヶ所湾（Louis Boutan, *La Perla.*）

三などが考案したといわれている。

海域の革命となったのが垂下式養殖の導入だった。真珠の養殖は当初、海女が貝を並べていく地蒔式だった。これだと岩礁性の海底と海女の潜水を必要としたため、真珠養殖には制約があった。しかし、一九二〇年前後からアコヤガイを入れた籠を竹筏から吊し、水中でアコヤガイを飼う垂下式養殖が普及していった（図版7－10）。この方法によって真珠養殖は各地に広がることになった。

ところで真珠業者たちは、核を入れる前のアコヤガイを母貝と呼び、核を入れたアコヤガイを「クロ貝」と呼ぶ。腹黒い人は胸に一物持っているため、腹のなかに核をもつ貝はクロ貝と呼ばれるそうである。[40] クロ貝は三～四年放養され、六ミリ前後の真珠を生み出すと、その後、非業の死を迎えることになる。

アコヤガイから見れば、気の毒な一生であるが、日本人はアコヤガイに対する感謝の気持ちを忘れなかった。御木本は戦前にアコヤガイの供養を営んでいた。戦後になると三重県や長崎県、愛媛県などで養殖業者が供養塔を建立し、慰霊祭を行ってきた。慰霊祭はいまも各地で実施されている。

真珠王国日本の誕生

戦前、日本人は欧米人が思いもつかない独創性で真珠養殖業を確立した。本章で述べた人以外にも多くの人が貢献したはずだった。真珠養殖業は世界の追随を許さない産業分野に成長し、三重や長崎の海から続々と丸く美しい真珠が生まれ出していた。日本の真珠が世界を席巻する日はすぐそこまで迫っていた。

しかし、どんなに素晴らしい製品やアイデアであろうとも、最初は無理解や反発から始まるのが世の習い。日本産養殖真珠の排斥運動はあまりに出来が素晴らしかったために、日本の真珠が受けなければならない洗礼だった。

第八章　養殖真珠への欧米の反発

日本人はついに真円真珠の養殖に成功した。丸く美しい養殖アコヤ真珠が次々と作られ、海外に輸出されるようになった。この章では、日本の養殖真珠が海外でどのような騒動を引き起こし、どのように受け入れられるようになったかを見ていこう。

日本の養殖真珠の販売ルート

日本の真円真珠は一九一六年から商業生産が本格化した。当時は五ミリ台、六ミリ台が主流で、そのほとんどが海外向けだった。真円真珠の輸出にはふたつのルートがあった。

ひとつは御木本真珠店の海外支店や代理店で「ミキモトパール」、「ファインパール」として販売されるルートである。御木本幸吉は一九一三年にロンドン支店を開設し、パリには代理店を置き、一九一九年から真円真珠を売り出すようになった。御木本自身の言葉によると、「俺《おれ》の性質は妻が死んでからヒネくれた、角がある、然《しか》し俺の作る玉は……円満になつて来て居る」のだった。[1]

その御木本の偉大さは、養殖だからといって自分の商品を卑下しなかったことだった。養殖真珠を天然真珠の七割五分の価格で販売した。この時期、天然真珠はバブル時代を迎え、その価格は高騰していた。それよりたった二割五分しか安くしないというのは、なかなか強気の商売だといえるだろう。実際、天然真珠が高ければ高いほど、彼らの利益も大きかった。養殖真珠で安売り攻勢をかけて、天然真珠市場を暴落させることは、彼らの筋書きにはなかったはずであった。

養殖真珠のもうひとつのルートが、大村湾の真珠や予土水産などの真珠の販売だった。こちらは入札などによって日本の真珠商が落札し、中国やインドの真珠ディーラーに売られ、中国、インド、欧米市場に送られていった。当時の真珠商たちは、養殖真円真珠は天然真珠とほとんど見分けがつかないため、真珠を区別する必要がないと考えていた。[2] したがって多くの養殖真珠が天然真珠に混ぜて売られることになった。

真珠ディーラーの密かな疑惑

あるとき、パリの真珠ディーラー、レオナール・ローゼンタールのもとに、日本の真珠の小包が届けられた。価格は思っていたより割安だったため、彼はそれほど確かめず、喜んで購入したのだった。真珠は孔が開けられていたが、そのいくつかは表面が破れて、真珠質の状態をさらしていた。真珠は真珠質の薄い層にかろうじて覆われているものだった。

ローゼンタールは自叙伝の『パール・ハンター』のなかで書いている。

「私の驚きは大変なものだった。一瞥《いちべつ》しただけでは優秀な専門家でも区別できない営業妨害者の突然の出現は、世界の真珠市場の大災難を意味していた！　日本から同じ種類の真珠が輸出されてくるにつれて、この事態に早急に手を打つ必要が生じていた」

ローゼンタールばかりでなく、おそらくさまざまな真珠商やディーラーが、何かの拍子に天然真珠ではない真珠の存在に気づき、どうにかしなければならないと思っていたはずだった。しかし、彼らは事を荒立てるのを嫌い、公にはしなかった。売り主にクレームをつけ、真珠を返却して代金を回収する業者もいれば、そのまましらっと天然真珠として売ってしまう業者も少なくなかったはずだった。

ニセ真珠センセーション

一九二一年五月四日、ロンドンの夕刊紙である『スター』紙が「ロンドン真珠大詐欺事件」という大見出しを一面に掲げた[3]（図版8－1）。記事本体の見出しは「ニセ真珠大騒動――宝石商たちは数千ポンドをだましとられた――貝が共犯者――（宝石街の）ハットン・ガーデンとウエスト・エンドに警告」となっていた。記事には次のようなことが書かれていた。

350,000

RETAIL TOBACCO DEALERS will be interested in the TOBACCO TRADE EXHIBITION to be held at the Royal Horticultural Hall, Westminster, from April 30th to May 6th, 1921.

Make your visit interesting to us by calling at Stand 97 B.

A Complimentary Ticket will be forwarded to any Retailer upon request.

HARVEY & CO., Tobacconists, Sundriesmen, 10/12, Pentonville Rd., London, N.1. Phone: North 1803.

The Star

630

No. 10308. LONDON, WEDNESDAY, MAY 4, 1921. ONE PENNY. 12 PAGES.

BIG LONDON PEARL SWINDLE.

NEW GERMAN OFFER EXPECTED.

LONDON MEETING PROLONGED.

ALLIES' FIRST PLAN AMENDED.

RESULT OF PREMIER'S OPPOSITION.

To-day the Supreme Council, whose conference has been unexpectedly prolonged, are discussing with the members of the Reparations Commission (who were last night summoned from Paris) the method and time of payment of the reparations to which Germany is to be called upon in the ultimatum to agree.

UNDER the terms of the Treaty of Versailles it is the

TO-DAY'S CONFERENCE.

Supreme Council Meet the Reparations Committee.

By a Diplomatic Correspondent.

M. Dubois, the President of the Reparations Commission, reached London with his colleagues this morning, and had a consultation with M. Briand at the Carlton Hotel

NO NEW OFFER RECEIVED YET.

M. Lucien, the financial adviser to the French Premier, when asked what was the nature of the reported new German offer, denied that any new offer of any kind had been received from Berlin.

An offer more nearly approximating the £6,750 millions is clearly anticipated as a consequence of the Allied coercive steps, at any rate, by the British members of the Supreme Council. Lord D'Abernon is understood to encourage this expectation.

A Government official to-day thought it possible the Reparations Commission had brought it with them. But during informal conversations amongst Ministers in Downing Street before noon, there was no information as to either its arrival or its nature. And M. Dubois himself, whether diplomatically or

MISS BANNERMAN GETS A DECREE.

Bullied and Deserted by Her Husband.

MISS EDITH DAY NAMED.

"Irene" Principal's Relations with Mr. Somerset.

Mrs. Holme-Sumner (Miss Margaret Bannerman) was granted a decree nisi by Mr. Justice Hill to-day against her husband, known on the stage as Mr. Pat Somerset.

MISS EDITH DAY'S sudden disappearance from the West-end stage after her phenomenal success in "Irene" at the Empire was partly disclosed during the hearing of Miss Bannerman's petition.

She was stated to be living now at Torquay with Mr. Somerset.

It will be remembered that a sensation was caused in August last by the sudden disappearance of Miss Day from the cast of Irene, and the gossips were

JAPANESE LINER ON FIRE & SINKING.

65 Rescued by a Transport Steamer.

ONE DEAD, EIGHT MISSING.

The Japanese liner Tokuyo Maru is on fire and sinking in latitude 25.40, longitude 24.56 West.

The above wireless message from Seattle is quoted to-day by Reuter's New York correspondent.

It is added that the transport Buford is removing the crew.

A later message states that the Buford has sent a wireless message to the effect that she has rescued 65 persons from the Tokuyo Maru, that eight are missing and one dead.

*** The Tokuyo Maru is a Japanese liner of 5,800 tons.

HASTINGS POLLING.

Rush of Women Voters in Side-cars.

Candidates: Mr. A. Blackman (Lib.); Mr. R. Davies (Lab.); Lord Eustace Percy (Co.U.).

Polling is taking place at Hastings to-day in the by-election caused by the resignation of Mr. Laurance Lyon (Co.U.).

The weather is wet and cold, so that a heavy vote is not expected. The Coalition have an advantage in their big fleet

FAKED PEARL SENSATION.

Jewellers Swindled Out of Thousands of Pounds.

OYSTER ACCOMPLICE.

Alarm in Hatton Garden and the West End.

A SENSATION has been created in Hatton Garden and among West-end jewellers by the discovery of a big pearl swindle.

"The Star" learns that thousands of pounds have been paid for faked pearls which are, in fact, only worth a few shillings.

The discovery was only made by accident.

This faked pearl is so like the natural Oriental pearl that it has completely taken in the London pearl merchants and jewellers.

8－1　「ロンドン真珠大詐欺事件」と報じた『スター』紙（*The Star* 4 May 1921. ミキモト真珠島蔵）

数シリングの価値しかないニセ真珠に数千ポンドが支払われるという詐欺事件が偶然発覚した。ニセ真珠は天然オリエンタルパールとよく似ているので、ロンドンの真珠商や宝石商がだまされていたのだった。詐欺事件の発覚は、最近ネックレスを購入した上流階級の婦女子の家庭に大きな動揺を引き起こしている。

新しいニセ真珠はこれまで作られたなかでもっとも素晴らしい出来である。それはきわめて見事にロンドン市場に参入していったので、すべての専門家が驚いた。ニセ真珠が日本から来たことは疑いがない。というのは日本の真珠養殖は八〜一〇年前にすでに大きな産業になっている。当初は半円真珠だったが、（最近の日本では）もっと外科的なやり方で真円真珠が作られている。

強い光を当てたり、強力なメガネで見れば鑑別可能だと思われるが、いまのところ、あらゆるテストに耐えている。

五〇〇〇ポンドで買ったネックレスの真珠から、貝製の核が発見されれば五〇ポンドになってしまう。ある商人は、ニセ真珠はあまりに完璧なので、何ヵ月も前から出回っていた可能性があると指摘した。

このようなことが書かれていた。ニセ真珠がロンドン市場に紛れこんだことをスクープする記事であったが、図らずもそのニセ真珠を見分ける術がなく、いかに素晴らしいかを知らしめる内容となっていた。

ロンドンとパリの動揺

『スター』紙のスクープの反響は大きく、真珠商や所有者たちに不安と動揺を引き起こした。翌五月五日、ロンドン商工会議所のダイヤモンド・真珠・宝石業セクションは会議を開き、次のような公式声明を発表した(4)。

養殖真珠《カルチャード・パール》の「養殖《カルチャード》」を明記せず、真珠として売るのは虚偽記載である。日本の「養殖」真珠を真珠として故意に販売した人物は、虚偽記載の罪で起訴されることになる。

ダイヤモンド・真珠・宝石業セクションは五月六日にも再び次のような公式声明を発表した(5)。ガラード社など、ロンドンの名だたる宝石店五社の代表のサイン入りの声明だった。

日本の養殖真珠は、真珠質に覆われた貝殻製のビーズに過ぎない。その違いは銀メッキと純銀が異なり、金箔《きんぱく》と純金が異なるのと同じである。貝殻製のビーズはほとんど価値がないものとして取り扱われる。真珠業の最高権威（である我々）は、本物のオリエンタルパールはその独特の美しさと希少性のために常に宝石としての価値を有しているとの見解である。

こうした見解にもかかわらず、五月六日、真珠で名高いある宝石店にやって来たのはたったの六人だった。しかも、彼らは自分の買った真珠の価値を知るために来店した人たちだった。

養殖真珠騒動はフランスにも飛び火した。真珠商や真珠の所有者の間にパニックが広がり、パリの真珠市場は一時閉鎖される騒ぎとなった。パリの商工会議所のダイヤモンド・真珠・宝石業セクションもイギリス同様、日本の真珠はニセ真珠であり、「ファインパール」の名の下にこの商品を売る商人は、詐欺罪で容赦なく起訴されると警告を発した。

一般人は面白がった

真珠をもたざる一般の人々は『スター』紙の記事を面白がった。著名人が買った真珠のループが購入価格の数分の一の価値だったという話があちらこちらで語られ、宝石店は否定するのにやっきだった。ロンドン・ジャーナリズムの関心は養殖真珠の登場で天然真珠が暴落するかどうかであったが、同時に日本の真珠養殖そのものについても興味が高まった。

『スター』紙のスクープの翌日には、六〜七人の記者が御木本真珠店のロンドン支店に押しかけてきた。御木本自身は養殖真珠を「ミキモトパール」として売っており、『スター』紙のいう「ニセ真珠」は、天然真珠に混ぜられた予土水産などの養殖真珠だったと思われる。しかし、ロンドン支店があるのは御木本だけだったので、真珠騒動の矢面に立つことになった。ただ、記者の来訪は御木本真珠店にとって反転攻勢のチャンスであり、日本の養殖真珠についてパンフレットを配り丁寧に説明していった。

一九二一年五月十四日の『イラストレーティッド・ロンドン・ニュース』紙は海女の写真を一面に掲載し、日本の真珠養殖や海女の存在について報道した[6]（図版8－2）。当時のヨーロッパ人の理解では、真珠採りの潜水夫というのは、借金にまみれ、死の危険に直面し、酷使される奴隷状態の人々であった。しかし、日本の真珠養殖では、健康的で美しい体をもつ若い娘たちが海に潜っていたのである。

THE ILLUSTRATED LONDON NEWS

SATURDAY, MAY 14, 1921.

THE PRODUCTION OF JAPANESE "CULTURE" PEARLS: WOMEN DIVERS ("SEA-GIRLS") SWIMMING TO THE OYSTER-FISHING GROUND.

A sensation has been caused, both in the jewel trade and the world of fashion, by the claim of Mr. Kokichi Mikimoto to have at last perfected the production of "culture" pearls. Other illustrations and notes on the subject appear on later pages in this issue. Here it is sufficient to quote from Mr. Mikimoto's booklet, "The Story of the Pearl," in explanation of the above photograph: "A large part of the submarine work in the oyster-culture at Japan is done by women divers, or 'sea-girls,' as they are called there. This is common in Ago Bay, and in many other localities of the country. There has been a belief from time immemorial that women can work better and stay longer under water than men. The women divers of Ise have often been mentioned in classic literature. These sea-girls are dressed in light, thin, white garments. Their hair is twisted into a hard knob, and diving glasses are worn. They dive without any apparatus, and stay under water from 60 to 80 seconds at each diving." The floating tubs are used to carry the oysters they bring up.

8－2　海女の写真を一面に載せた『イラストレーティッド・ロンドン・ニュース』紙（*The Illustrated London News* 14 May 1921.）

8－3 「引け目の埋め合わせ」という見出しのイラスト（*Punch* 18 May 1921.）

「シー・ガールズ」は彼らにとってカルチャー・ショックだった。

もうひとつの驚きは、真珠養殖の期間だった。『イラストレーティッド・ロンドン・ニュース』は、挿核後、四年間、海で放養すると解説し、「彼（ミキモト氏）の作る真珠は決して『ニセ』ではない」と宣言した。そのため天然真珠の所有者には今後の対策が必要となるが、これについて同紙は次のように提唱している。

「真珠は血統書が必要となる……世界でもっとも賢明で、もっとも徹底的に物真似《ものまね》をする日本人が貝を働かせて、完璧な真珠を作らせた。それはあまりに完璧なので、ふたつに割ってみないと証明できないが、そうすると真珠の価値も半減するのだ。これからは家族のアーカイヴに真珠の血統書を保管することである。領収書は役に立たない、というのはすでに莫大な金額がこれらの人工的に生成された宝石に支払われてしまったからである」

一九二一年五月十八日の『パンチ』誌は「引け目の埋め合わせ」と題するイラストを掲載

した[7]（図版8－3）。盛装しているが、ネックレスをしていない老婦人と老紳士が、三連の真珠のネックレスをつけた若い女性を横目で見ながら会話しているものである。老紳士が「(真珠をつけているとは)ただのレディではないね」というと、老婦人は「そんなことないわ、だって彼女の真珠は『養殖』だもの」と答えている。

当時、真珠のネックレスは支配者階級やブルジョワ階級だけが持てる富と権威の象徴だった。一般の人々は真珠を仰ぎみていたが、養殖真珠と見下すことで、いまや溜飲を下げられる時代になったのだった。

真珠シンジケートの排斥運動

ただ、真珠商たちにとって、日本の真円真珠は悪夢以外の何物でもなかった。それに真珠商やディーラーがかかえる真珠の在庫は半端ではなかった。当時の売れ筋は真珠のネックレスだったが、ネックレスはサイズや色をそろえるため、完成するまでに数年、十数年かかるのが普通だった。あと三つ、このタイプの真珠がそろえば、あの孔雀《くじゃく》のようなアメリカ人の妻に一〇〇万ドルで売ることができる。そう考えてひとつひとつ真珠を集め、やっと完成直前となったネックレスや半分までできたネックレスの価格が、養殖真珠の出現で暴落するかもしれないのである。ローゼンタールのシンジケートなどにいたっては数億フランの資金で世界中の真珠を買い占めたばかりだった。

そのため養殖真珠の排斥運動はフランスでもっとも激しい形を取ることになった。パリの商工会議所は、養殖真珠の発明を放棄するならば、巨万の報酬を出すと御木本に提示してきたが、御木本がそれを拒否すると、排斥運動は勢いを増した。(8) 日本の養殖真珠をニセ物真珠と喧伝《けんでん》しつづけ、「養殖真珠」と明記する義務を裁判で勝ち取り、養殖真珠の輸入そのものを禁止しようとした。アメリカでは日本の真珠は毒を含んでいて、つけると皮膚病になるという噂《うわさ》が出回っていた。

御木本や御木本のパリ代理店は、フランスの行政官庁に輸入禁止の不当を訴え、裁判で訴訟合戦を繰り返し、フランスの宝石業界団体やその会長に損害賠償を請求した。迷惑千万だったのは、安物の模造真珠が、真珠商も天然真珠として売るほど立派な日本産養殖真珠として販売され出したことだった。こうした業者も徹底的に告発した。(9)

養殖真珠が鑑別できない

英仏の真珠シンジケートにとって最大の悩みは、天然真珠と養殖真珠を確実に区別することができなかったことだった。天然真珠と養殖真珠は重量が違うのではないかと考えられたが、核は真珠貝製だったので、重量に差はなかった。エックス線を当てると真珠のなかの核が映し出せると考えられたが、当時はそこまでの技術に達していなかった。わかっているのは、日本の養殖真珠は五〜六ミリ台で、黄緑色を帯びているということぐらいだった。(10)

そうしたなか、養殖真珠を擁護する科学者も少なくなかった。オックスフォード大学のリスター・ジェイムソン教授は、一九二一年五月末の『ネイチャー』誌に寄稿し、ミキモトパールの表面は天然真珠と同じ構造だと宣言した。十一月にはボルドー大学のルイ・ブータン教授が「日本の養殖真珠は本物」という報告をパリの科学アカデミーに提出し、(11)ローゼンタールたちを落胆させた。十二月にはロンドン商工会議所のメンバーやジェイムソンなどの真珠学の権威、日本の研究者などが集まって顕微鏡と紫外線下で実験し、養殖真珠は本物の真珠であるという結論を出した。(12)

こうした動きによってイギリスの排斥運動は収束していったが、フランスの真珠業者たちの排斥は執拗《しつよう》に続いていた。民事裁判や商事裁判での提訴や応訴が繰り返されていたが、これらの一連の裁判で専門家でも区別できないミキモトパールの名声は逆に高まり、販路は拡張していった。パリの排斥運動が一応の解決を見るのは一九二七年のことである。

御木本幸吉という人は日本では同業者に容赦がなく、人々の怒りや恨みを買うことも少なくなかった。しかし、そのような人物だからこそ、国際的な真珠騒動が起こっても、一歩も引かず、ヨーロッパの真珠シンジケートと対峙《たいじ》することができた。西洋に日本の養殖真珠を認めさせたのは、御木本の強烈な個性でもあった。

興味深いのは、ヨーロッパの真珠シンジケートが大騒ぎした養殖真珠であったが、輸出された養殖真珠はそれほど多くなかったことである。当時、ペルシア湾の真珠の年産は平均で四〇〇〇万～五〇〇〇〇万個だったが、日本の養殖真珠の輸出は記録のある一九二六年でわずか六七万個、全体の一～二パーセントである。一九二一年時ならもっと少なかっただろう。それにもかかわらず、彼らが排斥運動を展開したのは、無尽蔵に作れる養殖真珠の危険性を感じとっていたからだろう。

何食わぬ顔の宝石店

日本の養殖真珠はヨーロッパで排斥運動に直面したが、だからといって天然真珠市場を一夜にして変えたのではなかった。一九二〇年代、天然真珠の人気は陰りを見せるどころかますます沸騰していたし、真珠ディーラーや宝石商なども何事もなかったように顧客に天然真珠を売りつづけていた。ニューヨークのカルティエ社の支店長ピエール・カルティエも、ニューヨークの市場には何の影響ももたらさないと語っていた[13]。

こうした真珠人気は一九二五年出版のスコット・フィッツジェラルドの『グレート・ギャツビー』にも見ることができる。時代設定は一九二二年。ギャツビーの思い人であるデイジーは、トム・ブキャナンという大金持ちと結婚するが、彼が結婚式の前日にデイジーに贈ったのは三五万ドルの「真珠の紐《ストリング・オブ・パールズ》」だった。

富裕層の購買意欲も衰えておらず、アメリカの小売王の御曹司であるロドマン・ワナメーカーは、養殖真珠騒動が勃発していた一九二一年十月にティファニー・パリ支店で真珠八一個からなるネックレスを一〇万ドル相当で購入した。真珠一個あたり一二〇〇ドルである。彼は一九二三年にも三六万ドル相当を買い、二五年には二三万ドル相当と三〇万ドル相当の真珠のネックレスをやはりティファニー・パリ支店から買っている。[14] 一流の宝石店は何食わぬ顔で高価な天然真珠を売りつづけていたのである。

一九三〇年のパール・クラッシュ

一九二九年、ウォール・ストリートの株価が暴落し、大恐慌が始まった。ローゼンタールの『パール・ハンター』によると、一九三〇年のある日、フランスの銀行が、養殖真珠の普及のため、天然真珠のディーラーたちにはこれ以降、信用供与を与えないし、手形も割り引かないと宣言した。その日の夕方、天然真珠の価格は八五パーセント下落した。これによってヨーロッパやアメリカでは天然真珠の取引は事実上、何年間もできない状態となった。欧米の天然真珠市場は壊滅し、フランスによる世界の真珠市場の独占も終わったのだった。

以来、欧米の名だたる宝石店は養殖真珠に嫌悪感を示してきた。ティファニー社は養殖真珠の扱いを拒否し、天然真珠ももたなくなった。カルティエ社は天然真珠は扱っていたが、もはや新しい天然真珠は仕入れなかった。[15] ティファニーやカルティエが日本の養殖真珠を扱うようになるのは、一九五五年以降である。この一九五五年という年は、御木本幸吉が死んだ翌年にあたるが、それが偶然なのかそうでないのか筆者は知らない。

バハレーンの混乱

日本の養殖真珠は、オーストラリアやバハレーンなどの真珠の産地でも嫌悪をもって受けとめられた。

オーストラリアでは早くも一九二一年に養殖真珠禁止法《パーリング・アクト》が公布され、養殖真珠の生産、販売、所有が禁止された。この法律は一九四九年まで続けられた。

一方、ペルシア湾の真珠取引の中心地バハレーンでは、当初はそれほど気にしていなかったが、次第に養殖真珠の輸入を禁止するようになり、一九三〇年には養殖真珠の輸入、販売、所有、それに真珠養殖の試みは厳禁となった。カタール出身の男性が養殖真珠を天然真珠に混ぜた事件では、犯人は懲役刑となり、バハレーンから追放された(16)。

バハレーン当局は、自分たちの真珠に養殖真珠が混ざっているという噂が立てば価格が下がるためピリピリしていたが、それでも養殖真珠は確実に紛れこんでいたはずだった。

というのは、一九二五年以降、琵琶湖で淡水真珠の養殖を成功させた藤田昌世が、ピンクがかった淡水真珠がペルシア湾のピンクがかった天然真珠とよく似ていることに気づき、ペルシア湾産真珠として中国にいるインド人バイヤーに売っていたからである。インド人バイヤーも養殖真珠であることに気づいていたが、彼らも何食わぬ顔で買っていた。これは藤田本人が嬉しそうに語った話として白井祥平《しらいしょうへい》が『真珠』のなかで述べている話である。気の毒なことに、バハレーンの天然真珠に養殖真珠が混じるのは当たり前であった。

日本の養殖真珠の登場によって、バハレーンは新たな産業の必要性を実感し、石油開発に目を向けるようになった。しかし、イギリス政府や石油会社の思惑などでなかなか進捗《しんちょく》しなかった。バハレーンで石油が発見され、石油収入が入り出すのは一九三四年のことである。バハレーン同様、真珠採取で生計を立てていたクウェートやカタールでも石油が発見されたが、この二国が石油を輸出し出すのはさらに遅く、戦後になってからだった。

その間、バハレーン島やアラビア湾岸地域の人々は、日本の養殖真珠の席巻で、自分たちの唯一の産業の真珠業が衰退していくのを見ているほかなかった。世界恐慌も追い打ちをかけた。真珠商は破産し、潜水夫は職を失った。採取船は浜に上げられたままだった。彼らは長い間、干上がることになったのだった。

シャネルのリトル・ブラック・ドレス

天然真珠は一九三〇年に暴落し、ヨーロッパでは取引のできない状態が続いていた。しかし、それより数年前、天然真珠であろうと、養殖真珠であろうと、さらに模造真珠であろうと、「真珠」そのものの救世主になった人物が動き出していた。

ガブリエル・「ココ」・シャネルである。

8－4　真珠が映えるシャネルのリトル・ブラック・ドレス（エドモンド・シャルル・ルー『シャネル』）

十二歳から十八歳まで孤児院で暮らし、その後、お針子やコーラスガールの仕事についた。財産のある男の囲い女でいるときに、帽子店を開業。一九一三年、三十歳のときにブティックをオープンした。ジャージー素材の服や「シャネル五番」の香水を売り出し、一九二六年には衝撃的な黒のストレート・ドレスを発表した（図版8－4）。後にリトル・ブラック・ドレスと呼ばれるドレスである。

そのドレスは、女性の胸や腰を強調しないストンとした直線型で、裾《すそ》は膝《ひざ》までしかなく、みっともなく足を出していた。ドレスの色は当時の喪服の色である黒だった。あまりに非常識で貧相なため男性諸氏が涙したドレスであった。

しかし、このドレスは女性たちの圧倒的な支持を得た。シャネルは体を締めつけるコルセットの追放こそが女性の解放につながると考えており、このドレスもコルセットを使わず快適で動きやすかった。そのうえ、喪服の色に過ぎない黒がとてもカッコよく思えたのである。

おそらくその理由のひとつは真珠にあった。アメリカ版『ヴォーグ』誌に掲載されたリトル・ブラック・ドレスのイラスト画ではモデルは真珠のネックレス、イヤリングをつけている。白い真珠は黒のドレスに気品と美しさと洗練さを与えていた。真珠をつけてこそ、リトル・ブラック・ドレスは完成した。というよりも、シャネルは真珠を使いたいがために、シンプルな黒のドレスを発明したのかもしれなかった。

こうしてリトル・ブラック・ドレスと真珠の組み合わせはテーゼとなった。人々はシャネルの打ち出したテーゼに共鳴し、喜んで従った。戦後のハリウッド映画では、銀幕の美女たちがここぞという場面で登場するとき、黒のドレスに真珠のネックレスをつけるのが定番スタイルになったのである。

シャネルの模造真珠

シャネルは、真珠を当時のモードに欠かせないものにしたが、天然真珠や宝石業界の関係者にとっては悩ましいところがあった。というのは、シャネルは模造真珠、模造ダイヤ、模造ルビーやサファイアなどの模造宝石を考案し、コスチューム・ジュエリーという分野を流行《は》行《や》らせたからである。

シャネルは、流行という魔法を繰り出すことで、自分の気に入らないものを時代遅れと宣言し、葬り去っていったデザイナーだった。支配者階級やブルジョワ階級がこれみよがしにつける高価な宝石や宝飾品には我慢ができなかった。それらは首につけた値札であり、夫や恋人の財力証明書だった。シャネルは、コスチューム・ジュエリーを流行らせることで、本

8－5　真珠のロープをつけたシャネル
マン・レイ撮影　1935年（Bari, *Pearls.*）

物の宝石を使ったティアラやチョーカーを古くさくてカッコ悪いものとして葬り去り、特権階級に復讐《ふくしゅう》した。宝石は富の顕示から服に合わせるためのアクセサリーとなったのだった。

ただ、特権階級の象徴だった真珠だけは別格だった。

シャネルの使い方の特徴は、模造真珠と本物の天然真珠を混ぜて使うことだった。これだと模造真珠と一蹴《いっしゅう》されないし、本物と模造の境界線があいまいになる。なかなかしたたかな戦略である。シャネルの好みの使い方は、黒のトップスを着て長い真珠のロープを滝のように巻くことだった（図版8－5）。真珠のロープは、ロープが長く、何本もあるのが重要だった。パンツルックやジャージー素材、セーターなどにも真珠を着用し、真珠のカジュアル使いも提唱していった。シャネルは生涯真珠を愛しつづけたが、とくに大事にしていたのは、かつての恋人からもらった小粒真珠のネックレスと指輪だったという。

いまでもシャネルはファッション界のカリスマである。多くのデザイナーや服飾関係者はシャネルを真似して真珠をつける。シャネルへの憧れが続くかぎり、真珠人気が衰えることはないのである。

養殖真珠はアール・デコ時代の申し子だった

シャネルが華々しく活躍した一九二〇年代はアール・デコの時代であり、この美術のトレンドは、パリ、ニューヨーク、ロンドンなどで同時発生的に流行していた。アール・デコは左右対称の機能的な美を追求し、規格化された商品を志向したが、これは大量生産の時代を予言するものだった。

日本の養殖真珠はまさにこの時代に登場したのだった。同じ大きさ、同じ色合い、完璧なまでに丸い日本の養殖真珠は、統一規格と大量生産の象徴だった。養殖真珠は時代の申し子でもあった。そして真珠のロープに最適だった。

アメリカは「狂乱の二十年代《ローリング・トゥエンティーズ》」を迎えていた。多くのモダンガールズが膝丈《ひざたけ》の長さのドレスを着て、ジャズやチャールストンを踊りまくっていた。このダンスパーティーに欠かせないのが真珠のロープ。天然か、養殖か、模造か、遠くからではだれもわからないし、だれも気にしなかった。真珠のロープであることが重要だった。

戦前の日本の真珠の輸出

真珠のロープが空前絶後の人気を誇るなか、日本の養殖真珠の生産も急増していった。一九二六年は六七万個だったが、一九二八年には一七八万個となった。世界恐慌の影響で一時減少したが、一九三一年には再び一〇〇万個を突破。一九三八年には戦前の最高記録の一〇八八万個を生産した[17]。

御木本真珠、高島真珠、北村《きたむら》真珠が御三家で、全生産の八〇パーセント、輸出の九〇パーセントを扱っていた。なかでも御木本は全生産の六〇パーセント、輸出の八〇パーセント以上を担っていた[18]。一九二五年、御木本は、鳥羽の作業場で真珠を串刺《くしざ》しにする首飾りの制作も行うようになった。一九二七年、御木本はニューヨークに支店を出し、一九三〇年代にはロサンゼルス、シカゴ、サンフランシスコにも進出、アメリカ市場を中心にミキモトパールを売りこんでいった。アメリカ以外にはヨーロッパ、インド、台湾などに外国の仲買人や外国商館などを通して輸出し、天然真珠を駆逐していった。御木本幸吉自身は、天然真珠が彼の真珠で負けかかっているのは愉快だと思っていた[19]。

一方、真珠の価格はどんどん下がっていった。日本の養殖真珠は当時もいまも匁単位で販売される。一匁は三・七五グラムなので、一分玉（重さ〇・三七五グラムの真珠、すなわち六・三ミリ玉）だとちょうど一〇個になる。一九一九年には一分玉一匁が五〇〇〇円だったが、一九二八年には一匁二五〇円になり、一九三九年には一匁五円となった[20]。養殖真珠の価格はわずか二十年で一〇〇〇分の一になったのである。

一九三〇年代は日中戦争が激化して、国民には勤労奉仕や消費節約が求められていた時代だった。一九四〇年には奢侈品製造販売禁止令が公布、「ぜいたくは敵だ」というスローガンが掲げられた。真珠養殖業は「不要産業」のレッテルを張られ、真珠の生産は中止となった。ただ、真珠や貝の玉は成分にカルシウムを含むため、薬用カルシウム剤の生産は許された。御木本の養殖場でも、浜辺の貝殻を核にして大粒ケシ真珠を作り、それらを薬用カルシウム剤にして海軍に納めていた(21)。一九四一年、日本はハワイの真珠湾を攻撃し、太平洋戦争が始まった。真珠業界にとって受難の時代が続くことになった。

ローゼンタールのその後

ヨーロッパではヒトラー率いる第三帝国が周辺国を征服していくと、ユダヤ系フランス人だったローゼンタールはパリにいる危険を感じるようになった。最盛期には一億ドル相当の資産を誇ったが、日本の養殖真珠の登場や一九三〇年のパール・クラッシュによって彼の事業は大打撃を受けた。それでも宝石業や不動産業は営みつづけていた。しかし、一九四〇年、五〇〇〇万ドル相当の不動産や事業を投げ出してパリを脱出。スペイン、ポルトガル、ブラジルに渡った後、一九四一年、ニューヨークの地を踏んだ。ただ、この大都市にはもはやオリエンタルパールを扱う市場は存在しなかった。

ローゼンタールは『パール・ハンター』のなかで語っている。「養殖真珠の登場は……オリエンタルパールの価格に悲劇的な影響を与え、損害は……およそ一五億ドルに達したことを私は忘れることができなかった……当時、私は養殖真珠の大敵であり、養殖真珠に恨みを抱いていた」

一方、彼は次のようにも述べている。「いまや、私は天然真珠も養殖真珠も外見上は同じであることを白状しなければならない。養殖真珠のなかには（天然）オリエンタルパールよりもその美しさが勝るものがあることに気づいてさえいた」と。

結局、ローゼンタールはニューヨークで養殖真珠を扱うようになった。彼の仕事の要諦《ようてい》は、かつての敵を熱烈に好きになったことだった。戦後、真珠ディーラーとして再び頭角を現したが、扱う金額は違っていた。オリエンタルパールで五〇〇〇ドルから一万ドルしたネックレスが、養殖真珠では一〇〇ドルだった。六万ドルのネックレスも養殖真珠では四〇〇ドルだった。

ローゼンタールの著作によれば、それでも、彼は過去も失った富も後悔していなかった。ニューヨーク五番街に事務所を構え、季節の花を欠かさなかった。ガラスケースにはさまざまな真珠が陳列されていた。商談で一日はあわただしく過ぎていく。日当たりのいい部屋の片隅には、いまや国際基準になった「匁」という単位を使う日本製の真珠計測器が置かれていた……。

＊　＊　＊　＊

日本の養殖真珠の登場による天然真珠の暴落は、戦後になっても続いていた。銀行家モートン・プラントがニューヨークの五番街の大邸宅と交換したカルティエ製の二本の真珠のネックレスが、一九五七年、オークションにかけられた。当時は一〇〇万ドルの価値があったが、落札価格は一五万七〇〇〇ドルに過ぎなかった。[22]

このネックレスは価格が下がったが、値がつくのはまだいいほうで、オークションでは値段がつかず、取引が成立しない天然真珠も少なくなかったはずだった。いまさら高価な天然真珠を買おうとする人はほとんどいなかった。一九六七年、アメリカの大富豪の屋敷に泥棒が入り、ダイヤモンドやエメラルドなどの宝飾品七〇万ドル相当を盗んでいったが、真珠だけは残されていた。[23] 天然真珠はもはや泥棒ですら見向きもしない宝石だった。

欧米人にとって真珠とは、長い年月にわたって蓄えられた富そのものであった。日本の養殖真珠の登場は、御木本などの生産者にそうした意図はなかったにせよ、天然真珠の価値を暴落させ、ときには無価値にするほどの激しさを伴った。それゆえ激しい排斥運動が起こったのだった。しかし、戦後になると状況は一変する。世界が日本の養殖真珠にひれ伏す日が来たのである。

第九章　世界を制覇した日本の真珠

一九四五年八月十五日、日本はポツダム宣言の受諾を発表し、連合国に無条件降伏した。九月になるとGHQ（連合国総司令部）による日本統治が開始される。当時の日本は食料も物資も不足していたが、来日する進駐軍将兵たちが楽しみにしているものがあった。戦前、戦中に在庫品となった日本の養殖真珠だった。戦後まもなく再開された帝国ホテルの御木本真珠店では開店前から米軍将兵たちが列をなしていた。彼らは真珠のネックレスやバラ珠などを買い求めたが、いつも正午前には売り切れになった[1]。

終戦と同時に日本の真珠をめぐる狂騒は始まっていた。この章では、戦後、最強のジャパンブランドとなった真珠の活躍ぶりを見ていこう。

外貨を稼ぐ救世主に

一九四六年一月、GHQは真珠の国内取引を禁止する一方で、御木本真珠店などの指定六社に彼らが保有する真珠を毎週一定数、GHQに納入するよう命令した。当時、GHQは外貨を稼ぐのを急務としており、生糸や茶などの主要輸出品も国内取引を禁止して、輸出に回していた。しかし、真珠に関してはまず彼らの取り分を優先したのだった。

納入された真珠は軍隊内のPX（売店のこと）で販売された。真珠の納入品額は全納入品額の三割、四割を占めることもあり、一番人気だった。これまで欧米人にとって真珠は特権階級がこれみよがしにつける富と権力の象徴であった。その真珠のネックレスが妻や恋人、母親のために安く買えるのである。はるばる日本に来た甲斐があったというものだった。真珠は飛ぶように売れていた。

一九四八年八月、真珠の国内販売や輸出が部分的に解禁された。それから翌年九月までの間に一三億円の真珠が輸出された。外貨獲得高ではトップクラスの商品だった。第二次世界大戦中、真珠は不要不急の贅沢品と政府当局から烙印《らくいん》を押されていた。しかし、戦後、めぼしい輸出商品が払底するなか、日本が保有していた養殖真珠は外貨を稼ぐ救世主になり、当時の食糧難の改善に大いに貢献したのだった。

すでに一九四九年に真珠は「輸出品のホープ」と呼ばれていた。(2) 一九五三年、一九億円を輸出し、一九五四年には二七億円を稼ぎ出した。当時の新聞はこぞって真珠を「輸出の花形」と書きたてていた。真珠業界の夢は大きく、一〇〇億円輸出が合い言葉だった。

外国人憧れの御木本養殖場

真珠のメッカは三重県の英虞湾で、その地は外国人の憧れだった。真珠筏が埋め尽くすリアス式海岸の静かな海。そこには御木本幸吉という九十歳前後の真珠王が暮らしており、魔法の杖《つえ》をひと振りするように海から真珠を生み出しているのである。来日したら、御木本の真珠養殖場をまず訪ねてみたかった。

9－1　真珠のネックレスの制作現場
（『宝石学』）

最高司令官マッカーサー夫人、マッカーサーの後任となったリッジウェイ最高司令官夫妻、数多くの米軍高官やその家族、一般将校たちが養殖場を訪問した。一日数十人、多いときには三〇〇～四〇〇人が来場。英虞湾の入り口に軍艦をとめ、ランチでドヤドヤ上陸したり、ヘリコプターで敷地内に直接乗りこんできた(3)。当時、御木本幸吉は奈良の大仏と並ぶ「世界的な日本の大名物(4)」で、真珠王に会うことが日本に行った証明だった。

その御木本幸吉は、一九五四年九月に九十六歳で死去。真珠のネックレスで世界中の女性の首をしめるというのが彼の口癖だったが、その夢は実現したに等しかった。当時、真珠は全生産の九五パーセントを輸出に回していたが、その六四パーセントがネックレス用の「通糸連」だった（図版9―1)。御木本のもうひとつの口癖は、真珠を増産して賠償金を支払うというものであったが、たしかに真珠はすごい勢いでドルを稼ぎ出していた。日本の海から国際的な輸出品を作り出し、日本の真珠の名声を世界にとどろかせたのは、まぎれもなく御木本幸吉の功績だった。

真珠王が死んだ後も外国要人の御木本参りは絶えなかった。イギリスのアレクサンドラ王女(ジョージ五世の孫)、オランダのベアトリクス王女(当時)など千客万来。一九七五年には、初来日したエリザベス二世が御木本真珠島を訪問した。「ミキモトパール」の威光は世界に冠たるイギリス女王まで引き寄せたのだった。

ディオールのニュールック旋風

海外における真珠人気に拍車をかけたのがパリモードだった。戦後の混乱はフランスも同じだったが、パリの贅沢は始まっていた。

一九四七年二月、ほとんど無名の四十二歳の中年男がパリでファッションショーを開催した。香水と花の香りでむせかえる会場。モデルたちはウエストをしぼり、スカートをふくらませたドレスで次々登場。真珠をつけているモデルも多かった。二三メートルの生地を使用した黒のタフタのドレスにも真珠のネックレスが光っていた(図版9―2)。これらのドレスは、戦争で疲弊した人々が長い間忘れていた優雅で女らしいスタイルだった。鳴りやまない拍手。ブラヴォーの嵐。これから世界を席巻するクリスチャン・ディオールのニュールックの誕生だった。

文字どおり一夜にしてパリ・ファッション界の寵児《ちょうじ》となったディオールはマーケティングにも優れていた。プレタポルテ（既製服生産）によるブランド展開を開始。狙ったのは戦後、超大国となったアメリカだった。中産階級が台頭する大量消費社会だった。百貨店ではディ

9−2　真珠のネックレスとイヤリングをつけたディオールのモデル（ブリジット・キーナン『クリスチャン・ディオール』）

オールのオリジナルが売られていたが、コピーもいたるところに出回っており、多くの女性が自分なりの「ディオール」を手に入れた。憧れの「ディオール」を手に入れたら、次に欲しくなるのが真珠だった。

9—3 『裏窓』のグレース・ケリー（写真・AP/アフロ）

グレース・ケリーとマリリン・モンロー

アメリカのハリウッド映画もニュールックと真珠ブームに貢献した。その代表例が、一九五四年八月に公開されたアルフレッド・ヒッチコックの『裏窓』といえるだろう。ジェームズ・スチュアート扮《ふん》する療養中のカメラマンが、向かいのアパートの住人の妻殺しを推理する物語である。恋人役がグレース・ケリー。彼女はこの映画で六回衣装を変えるが、そのうち四回、ディオール風のニュールックと真珠のネックレスで登場した（図版9—3）。

一九五五年五月、ケリーは『パリ・マッチ』誌の企画によって、モナコのレーニエ三世に面会した。それから八ヵ月後の一九五六年一月、二人はニューヨークで婚約発表したが、そのとき、ケリーがつけていたのは二連の真珠のネックレスだった。そして迎えた同年四月の結婚式。ケリーの純白のウエディングドレスには真珠がふんだんに使われ、ベールには何千個のシード・パールがちりばめられていた。
一方、ハネムーンで来日し、新妻のマリリン・モンローのために真珠を買ったのはニューヨーク・ヤンキースのジョー・ディマジオだった。一九五四年二月、彼は銀座の御木本で三九個の真珠のネックレスを購入。モンローはそのネックレスをつけて人前に姿を現した（図版9－4）。

9－4　御木本の真珠をつけたマリリン・モンロー（写真・PictureLux/アフロ）

いつの時代も著名人のファッションは真似される。グレース・ケリーやマリリン・モンローに憧れ、自分の結婚式やハネムーンを夢見る世界中の女性たちが、真珠のネックレスや真珠のウエディングドレスを買い求めたことは想像に難くないだろう。

ヘプバーンの『ティファニーで朝食を』

ハリウッドは背中の真珠の美しさも配信した。それが一九六一年公開のオードリー・ヘプバーン主演『ティファニーで朝食を』だった。

9－5　『ティファニーで朝食を』のオードリー・ヘプバーン
ハリウッドは背中の真珠の美しさも配信した。ただし、真珠はイミテーション（写真・Moviestore Collection/AFLO）

主題歌「ムーン・リバー」が流れる早朝のニューヨークの五番街。一台のタクシーから華奢《きゃしゃ》な女性が降り立って、後ろ向きに姿を現すが、ジバンシィの黒のドレスの背中には四連の真珠のネックレスが流れるようにつけられている。彼女はティファニーのショー・ウィンドーの前に立ち、紙包みから取り出したパンをおもむろにかじり出す（図版9－5）。

お行儀悪くパンを歩道で立ち食いしていても、リトル・ブラック・ドレスと背中の真珠があるだけで、ため息が出るほど優雅でシックでセクシーに見えることを、ヘプバーンは世界中の人々に知らしめたのだった。

背中の真珠は、当時、ティファニー社がキャンペーンを張っていたものだった。ティファニーは長い間、アンチ養殖真珠の雄だったが、真珠人気に手をこまぬいているわけにはいかなくなり、一九五五年から養殖真珠を扱うようになった。一九六〇年にはエリザベス・テイラーを起用した真珠の広告を出したが、それはヌードのテイラーの背中に四連の真珠のネックレスが垂らされているものだった。『ティファニーで朝食を』はこの広告の翌年封切られたので、ヘプバーンが見せた背中の真珠も実はティファニーのマーケティングに沿うものだった。

ティファニー同様、アンチ養殖真珠の旗手だったカルティエも、一九五五年以降日本の養殖真珠を扱い出した。カルティエの広告では体にフィットしたリトル・ブラック・ドレスを着たモデルが、真珠のダブル・ロープをアシメトリカルに着用していた。女性にもっともカッコいいのは黒のドレス。そのドレスになくてはならないのが真珠だった。

シャネルスーツの誕生

黒のドレスと真珠の組み合わせの美しさを世界でもっとも早く看破したのが、シャネルだった。そのシャネルはすでにファッション界から引退して久しく、高齢で偏屈な女性となっていた。彼女は世界中で巻き起こるディオール旋風を不愉快な思いで眺めていた。戦前、自分は過酷なコルセットから女性を解放したはずなのに、再びウエストをしぼるスタイルが流行るとはどういうことなのか。ディオールの成功がシャネルの栄光を過去のものにしてしまったことも気に入らなかった。

ディオールを葬り去らなければならないが、その方法はただひとつ。自分が新しいデザインを発表して、彼の服を時代遅れにすればいいのである。彼女の得意技である。

こうして七十歳のシャネルの十五年ぶりの挑戦が始まった。一九五四年二月、復活をかけてシャネルスーツを発表した。しかし、各国のプレスは、進歩がない、失敗とこぞって酷評した。シャネルの店には客が現れず、さすがのシャネルも弱音を吐いた。すでに発注をかけていたアメリカの服屋だけがしようがなく服を並べた。

エドモンド・シャルル・ルーは次のように述べている。「ところが、服は売れ始めたのだ。ニューヨークの専門家たちもこれには目をむいた。信じられないことが起ったからである」[5]（秦早穂子訳）。シャネルスーツは、エレガントでありながら、動きやすいため、社会進出が著しいアメリカ女性たちの絶大な支持を得たのである。アメリカでの成功はフランスにも影響を与え、シャネルはモード界の女王に返り咲いた。

シャネルスーツは、ディオールのドレス同様、世界中で模倣された。本物やコピーが町にあふれた。シャネルスーツには真珠をつける場合もあれば、つけない場合もあったが、シャネルを愛する人は真珠が絶対的に好きだった。ダイヤモンドをじゃらじゃらと職場でつけるのは品がない。しかし、真珠のネックレスやイヤリングは、シャネルスーツ同様、昼間でもビジネスの場でもふさわしかった。何より自分自身が美しく見えた。

ジャックリーン・ブーヴィエも真珠を愛するアメリカの新聞記者だった。一九五三年にジョン・F・ケネディと結婚。一九六一年には三十一歳の若さでアメリカ合衆国のファーストレディとなった。シャネルスーツを着こなす彼女のお気に入りは三連の真珠のネックレス。公式の晩餐会《ばんさんかい》や海外への公式訪問、子どもを育てるときにも真珠を着用し、その姿がテレビや新聞雑誌の写真を通して世界に配信されていた。

真珠は世界中の女性の憧れだった。

日本の海から真珠が生まれ出す

世界で空前の真珠ブームが起こるなか、真珠は日本だけが供給できる特別の宝石となっていた。世界最大の真珠の産地ペルシア湾では石油産業の発展で真珠業はすたれ、湾には油が漂っていた。インドやセイロン島の産地はすでに壊滅しており、ベネズエラは天然真珠の採取を永久に禁止した。メキシコなどでは御木本の独壇場にはさせまいと戦前、真珠養殖が始められたことがあったが、結局、成功しなかった。気がつけば、世界にライバルは存在しなかった。

日本を一大生産国にしたのは、GHQによる一連の改革だった。一九四七年の独占禁止法や一九四九年の新漁業法によって御木本などの大手真珠養殖会社の漁場が開放されると、人々は家族四〜五人で真珠養殖業に乗り出していった。海さえあれば少ない資本でも参入できるのが真珠業の特徴だった。垂下式養殖は海女の潜水が必要なく、養殖場の拡大を加速させた。西川のピース式特許はすでに期限が切れており、挿核技術は知り合いから教えてもらったり、見よう見まねで習得した。

真珠養殖業の中心地は三重県だった。多くの中小業者が存在し、全国の生産者の九割以上を占めていた。一九五七年、三重県が過剰生産を緩和するため生産規制に乗り出すと、規制を嫌った三重県業者が四国や九州に進出。真珠養殖は一気に西日本に広がり、ミカンやサツマイモの栽培、ノリやカキの養殖、不振をきわめる沿岸漁業に取って代わった。

終戦直後、一〇七だった事業者数は、一九五二年には約一二〇〇、五八年には三〇〇一、一九六五年には四五七三になった。アコヤ真珠養殖は九州と四国の全県、石川県や福井県、神奈川県や千葉県など、合計二四県で行われ、日本各地の海に真珠養殖用の竹筏が浮かぶようになった（図版9－6）。

一台の筏の下にはおよそ五〇〇〇個のアコヤガイが養殖されていた。きわめておおまかな計算であるが、一九六一年には一万個の貝から二六二九グラムの真珠が採れ、そのうち約七割に商品価値があった。浜揚げ価格は一匁（三・七五グラム）九〇八円だったので、筏二台で約四五万円の生産があった。このころになると七ミリ珠が主流となった。直径六ミリの核を入れ、三年かけて養殖し、七ミリ珠を作っていた。

できた真珠は地域の入札会で売ることもあれば、神戸にいる日本人や台湾人の真珠商に売りに行くこともあった。彼らは手の切れるような新札で真珠を即座に買ってくれた。多くの真珠業者はその売り上げだけで一年間優に暮らすことが可能だった。

こうして真珠養殖業は、これまで主な産業がなく、出稼ぎが恒常的だった貧しい沿岸地帯や島嶼《とうしょ》部を収益性の高い地域に変え、住民に現金収入の道を開いていった。真珠養殖業はさびれた沿岸部の地場産業だった。西日本の海は真珠筏で埋め尽くされ、欧米の青い目の女性たちに供する宝石を作る広大な海洋工場となった。

9－6　竹筏に占拠された日本の海
1955年ごろの三重県的矢湾（『磯部町史』）

シャネルはいった。「女のむだづかいのために死ぬ人間よりは、そのおかげで、生活できる人間のほうが結果的には多いかもしれない」（秦早穂子訳）と。[6] この言葉は日本の真珠養殖業にそのまま当てはまるものだった。

日本は真珠養殖技術の最先端

日本政府は一九五五年に国立真珠研究所を開設。真珠養殖業を国策とした。各県の水産試験場や大学の水産学部が、真珠の品質と生産性を向上させるべく研究に没頭した。

稚貝を集める技術も発達した。これまで養殖用の貝は、海女がひとつずつ集めていたが、これだと大量生産に限界があった。戦後、三重県水産試験場が海中を漂うアコヤガイの稚貝を集める採苗法を開発した。その後、杉の葉の垂下による採苗法に改良されていった。こうして母貝不足は解消し、真珠の大量生産への道が開かれていった。

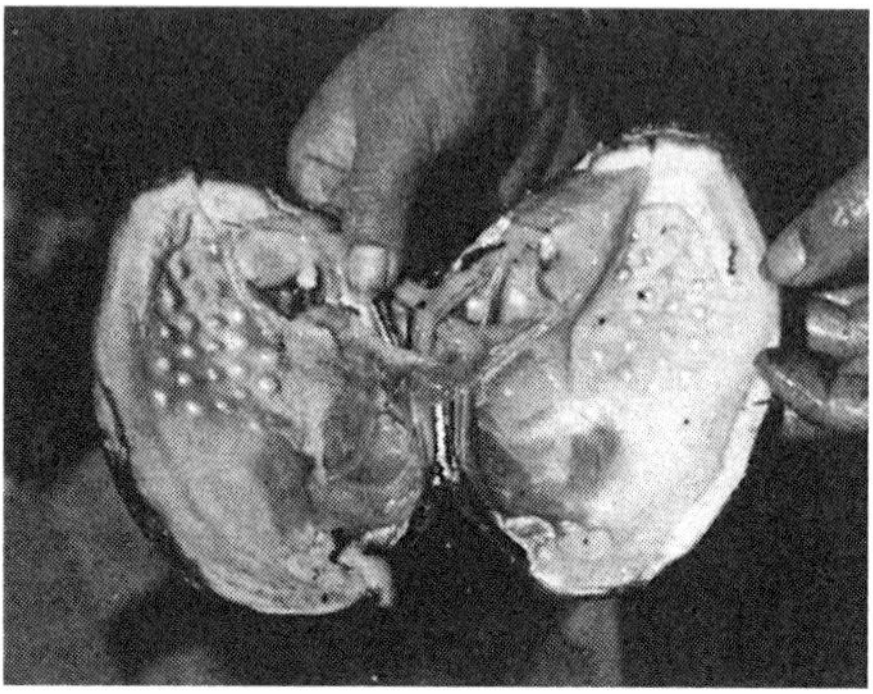

9－7　大量生産される淡水真珠　写真は中国の淡水真珠貝（町井昭『真珠物語』）

琵琶湖の淡水真珠生産の技術も進んでいた。戦後、琵琶湖の養殖業者たちは、核を使わずピース（外套膜外側上皮細胞の一片）だけを貝に入れて真珠を作る無核真珠形成法を開発した。その無核のピースを二列三列に並べて入れていき、ひとつの貝から二〇〜四〇個の真珠を作る大量生産方式も編み出した（図版9－7）。こうした方法は、淡水真珠貝が一〇センチ以上の大型のため可能となった技術であった。さらに真珠を取り出すときに、真珠袋を残したまま真珠だけをほじくり出すと、残された真珠袋が再び真珠を作ることも判明。この方法だと貝を殺さずに再利用できるため、「真珠の二毛作、三毛作」が可能だった。こうして琵琶湖の淡水無核真珠は一気に増産へと突き進んだ。

淡水無核真珠は核を入れないため、できた真珠は一〇〇パーセント真珠質という理想的な真珠である。難点は球形ではなく、いびつな形になることだったが、それが天然真珠と同じだとしてインドや中近東、欧米で人気があった。真珠は「ビワパール」と呼ばれていた（図版9－8）。

9－8　1950年代のビワパールのネックレス（『「パール」展』図録）

当時、アコヤ真珠の生産者たちは、淡水真珠は低品質、低価格と見なしており、歯牙《しが》にもかけていなかった。しかし、淡水無核真珠の技術はほんとうはあまりに素晴らしいために、ひょっとすると開けてはならないパンドラの箱だったかもしれなかった。

アコヤ真珠であろうと、淡水真珠であろうと、真珠養殖は日本の独壇場だった。日本が最先端の技術を独占し、世界の追随を許さなかった。自動車産業、家電産業、戦前の陶磁器業やおもちゃ業。外国の商品や産業形態を模倣して日本の輸出産業を育てた例は枚挙に暇《いとま》がないだろう。しかし、真珠養殖業は日本人がそのビジネスモデルを一から作り上げ、日本人の独創性と努力で完成した異例の輸出産業だった。

真珠王国日本の誕生

真珠の生産体制を強化した日本は輸出攻勢をかけていった。一九五五年、三六億円、一九五九年、八七億円、一九六〇年には一一〇億円となり、目標の一〇〇億円を突破した。一九六一年元旦《がんたん》、この日の『読売新聞』は日本の産業を支える新しい力として、まず最初に真珠産業を選んだ。同紙は、茶と生糸が輸出の花形だった時代はとうに去り、真珠は「輸出の王」となったと宣言した(7)。実際、真珠は生産の九八パーセントが輸出に向けられ、国内販売は二パーセントだった。日本でこれほど輸出率の高い産業は存在しなかった。

真珠の輸出は、その後も記録を更新した。一九六二年には一五一億円、六五年には二三一億円となった。真珠は約一〇〇ヵ国に輸出されていた。最大の顧客はアメリカで、輸出の四割を占めていた。アメリカ以外にはスイス、西ドイツ、香港、イタリアなどが主要輸出先だった。

輸出の中心地になったのが神戸だった。神戸にはもともと真珠の加工業者や卸業者が多かったが、戦後、真珠検査所が置かれたことで、日本の真珠の八〜九割が神戸から輸出されるようになった。神戸は世界最大の真珠の取引地だった。真珠はいつの時代も供給サイドのほうが強い。外国人バイヤーは神戸参りを実施して、どうにか真珠を入手した。パールシティ神戸の名は世界にとどろいていた。

もともとアコヤガイは南方系の貝であり、日本はアコヤガイが生息できる北限の地であった。そのような逆境にもかかわらず、日本の海で大量の真珠が生み出される奇跡が続いていた。日本は自他共に認める真珠王国だった。

このころになると、アコヤガイは日本の特産で、真珠養殖は手先の器用な日本人にしか行えないお家芸であるという伝説が流布されるようになっていた。一九六六年八月、水産庁は『真珠白書』（正式名『真珠産業の現況と将来への方向』）を発表し、そうした思いを高らかに宣言した。

「真珠産業は、我が国特有の輸出産業であり……一次産品の輸出の伸びなやみの一般的傾向とは別に、ここ数年の輸出の伸びも年率一〇％以上の高率を維持し、我が国総輸出金額の〇・八〜〇・九％、農林水産物の輸出金額の一〇％を占める地位まで成長して来た。しかも、真珠産業は我が国特有の技術によって、全く世界市場を殆《ほと》んど占有しているといっても過言ではなく……今後の真珠産業は更に拡大発展し、我が国の輸出に占める地位を高めて行くものと考えられる」

真珠のような小粒商品が、全輸出額の約一パーセントで、水産業では一〇パーセントを占めたというのは、やはり特筆すべきことだろう。

一九六六年には一三〇トンの真珠が生産された。その八〇パーセントが輸出に回されて、二三三億円の外貨を稼ぎ出した。真珠業は不況知らずの成長産業で、『真珠白書』が述べるように、輸出はこれからも増加するはずだった。しかし、その真珠の輸出が突然とまったのである。

恨みのミニスカート

原因はミニスカートの大流行だった。ロンドンのストリートファッションから始まったミニスカートは、一九六六年から六七年にかけて世界的な大ブームとなっていた。

一九六七年八月の『読売新聞』は「真珠異変――輸出さっぱり」と銘打った記事を掲載。(8)「恨みのベトナム戦・ミニスカート流行」という副題がついていた。記事は「ベトナム戦争とミニ・スカートの流行が、真珠の売れ行きをストップさせた――笑い話ではない。日本のドル箱、真珠の輸出量が、昨年にくらべ、ざっと三百三十六万ドル（一二億円）も減ってしまった。とくに最大のおとくい先・アメリカでの〝ボイコット〟が目立ち、本年度のしんたま（新珠）の浜揚げされるこの秋には、乱造、乱売―倒産という大混乱も起きかねない深刻な気配。スカートよ長くなれ、長くなれ」と祈るように綴《つづ》り、真珠業界真夏の異変を伝えている。

同年十月の『朝日新聞』は「ミニスカートがヒジ鉄砲――真珠の輸出ガタ落ち――似合わない首飾り――中小商社では投げ売りも」という記事を掲載[9]。「昨年まで順調に伸びてきた真珠の輸出は今年からガタ落ち。どうやら、世界的に流行しているミニスカートのスポーティーな感じに真珠のネックレスが似合わないためらしい」と報告した。

実際、当時のファッションは突然大きく様変わりした。『ヴォーグ』などのファッション誌を見ると、ミニの流行とともに真珠のネックレスが使用されなくなったことがわかる。女性が足を出し、スカートが短くなった分、タートルネックやネクタイで首元をしめるのがお洒落《しゃれ》となった。スカーフを頭から巻き、サングラスをかけ、イヤリングはプラスチック製の大きな四角いものをぶらさげる。そうしたポップなファッションに真珠のネックレスが生き伸びる余地は残されていなかった（図版9−9）。

9−9　真珠を放逐したミニスカート　衣装はイヴ・サンローラン（*Vogue* Mars 1967.）

こうして有史以来の「真珠不況」が始まった。御木本幸吉は、真珠のネックレスで世界中の女性の首をしめていったが、ミニスカートから現れた女性の白い足によって、真珠業界が首をしめられることになった。

ただ、真珠不況を到来させたのはミニスカートだけでもなかった。真珠は作れば作るほど儲かったため、過剰生産が当たり前だった。養殖期間を短縮して、粗製乱造の真珠を作る生産者も少なくなかった。品質の低下した真珠が大量に出回って、バイヤーの不信感を招いていたのも事実だった。

真珠不況の到来

こうして外国人バイヤーが突如真珠を買わなくなった。日本の真珠輸出の多くは彼らが担っていたため、買い控えられては手も足も出せなかった。一九六六年に二三三億円を記録した輸出額は一九七一年には一二四億円となり、ピーク時の約半分となった。真珠の浜揚げ価格も一九六八年には半値から三分の一まで暴落した。

体力のない真珠養殖業者、母貝業者、関連業者は在庫をかかえ、資金繰りに行き詰まり、借金取りと化した銀行員に追い回されて、バタバタと倒産していった。転業や規模の縮小も相次いだ。御木本真珠会社も例外ではなく、英虞湾の多徳養殖場のみを残して、各地の養殖場を閉鎖した。彼らは真珠の生産者であることをやめ、真珠を外部から仕入れる販売会社となったのだった。一方、戦後、急成長した田崎《たさき》真珠は、うどん屋から出発した御木本幸吉の逆を行き、不況を乗り切るため、新たにうどん屋「あこや亭」をオープンした。

水産庁と真珠業界は不況対策に乗り出した。国が資金を出して過剰の真珠を買い取り、国家保管した。養殖業者はアコヤガイの施術を三割削減する生産調整を受け入れた。さらに不況カルテルを結成し、価格維持に乗り出したが、それでも市況は好転しなかった。

真珠養殖業者の三人に一人が退場していった。転業組はノリやウナギの養殖などを始めたが、彼らの期待を一身に集めたのがハマチだった。ハマチの養殖には暖かい内海が必要で、真珠養殖の好漁場はハマチ養殖の好漁場でもあった。西日本の海はハマチが泳ぐ海に変わっていった。

不況カルテルとマキシ・スタイルの流行

一九七三年になると、生産調整や不況カルテルの効果によって潮目が変わり出した。

一九七三年の生産量は三四トンとなり、ピーク時の一三〇トンの三割以下となった。市場に出回る真珠の量が減少すると、外国人バイヤーの間に品薄感が広がり、真珠需要が復活していった。輸出額は一九七一年を底に増加に転じ、一九七三年には一七七億円になった。供給不足を演出することで、生産者がバイヤーに対して優位に立てる状況になったのである。

追い風となったのが、スカートが長くなったことだった（図版9－10）。一九七四年九月の

9－10　真珠を呼び戻したマキシ・スタイル　ドレスはイヴ・サンローラン（*Vogue* Mars 1974.）

『サンケイ新聞』は、昨年からミニにかわってマキシが流行しはじめると、女性週刊誌がマキシ・スタイルには真珠のネックレスが最適とはやしたて、真珠はがぜん見直されるようになったと報道した[10]。同紙は「まさにマキシさまさまですわ。おかげで真珠の需要がぐんとふえました」という真珠業者のコメントを掲載している。一九七四年五月の『日本経済新聞』も「〝ドレッシー〟を強調した世界的なファッションの流行を背景に昨年から（外国の真珠の買い付けが）増加傾向をみせ始めた」と述べている[11]。

真珠の国内販売の成功

真珠不況克服のもうひとつの切り札が、国内需要の喚起だった。これまで真珠は輸出用商品だったため、一九六六年時点で内需に回る真珠は生産量の二割以下に過ぎなかった。

一九六八年十二月の『読売新聞』は、真珠業者はこれまで「国内の客には〝ハナもひっかけない〟態度だった。それが輸出不振となるや、手のひらをかえしたように……広告・宣伝に乗り出した」と報道。[12] 輸出志向の真珠業界が遅まきながら国内市場に目を向けたのだった。

一九六九年の「ミキモトパール」の広告は、真珠はしとやかさ、育ちのよさ、気品の象徴だと強調し、「真珠をつけている女性なら『きっといい奥さんになる』」と表現した。[13] 嫁入り前の女性が真珠を買うようになったが、子どもの入学式や卒業式など結婚後の使い道も多かった。良家の子女、品のいいマダムにとって真珠はステータスだった。

ゆとりのある家庭には弔事用の黒真珠も勧められた。この時期の黒真珠はクロチョウガイの黒真珠ではなく、放射線照射や銀塩処理で黒変させたアコヤ真珠だったが、そうした黒変真珠もよく売れた。

真珠の国内価格は輸出価格よりもかなり高めに設定された。一九七〇年には輸出と内需の出荷量の比率は七対三だったが、販売額では四対六で、内需は初めて輸出額を上回り一九〇億円となった。一九七〇年八月の『朝日新聞』は「小売値は輸出価格の二、三倍が普通。輸出の損を国内販売の利益でカバーしている」と指摘している。[14]

一九七八年には輸出と内需の販売額の比率は一対九となり、輸出の八九億円に対して、内需は八六五億円となった。一九七九年になると国内販売は一〇〇〇億円の大台を突破。一九八〇年は、輸出一一五億円に対して、内需は一五〇〇億円だった。バブル経済がピークとな

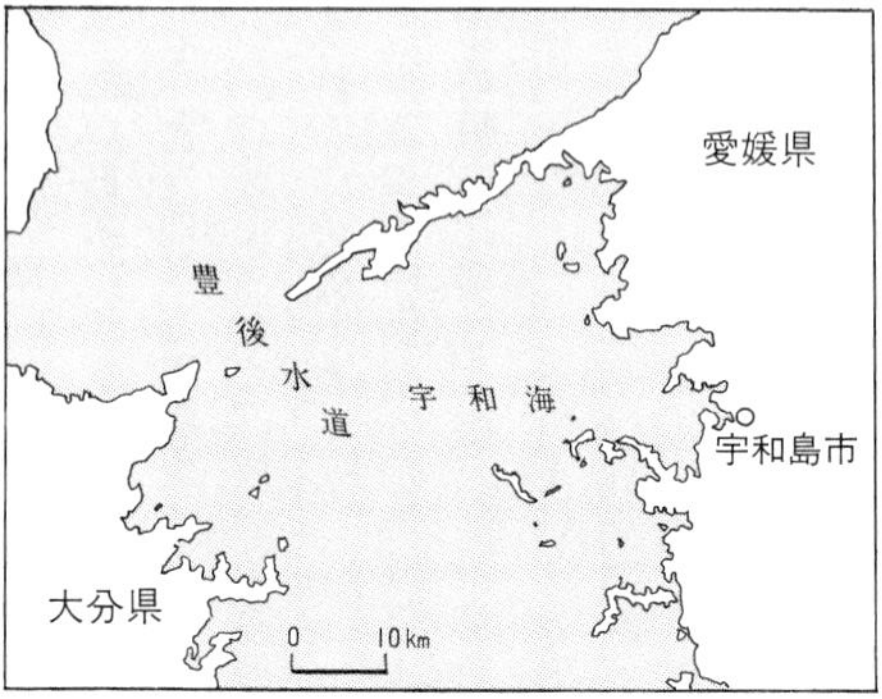

9－11　真珠の大生産地となった宇和海

った一九九〇年には、真珠の国内市場は二七〇〇億円の規模に達していた。三〇万円から五〇万円の長さ四〇センチの真珠のネックレスが飛ぶように売れ、一〇〇万、二〇〇〇万円以上の高級真珠の売れ行きも良好だった。日本は世界最大の真珠の消費国となり、真珠業界は内需依存産業となった。

生産者たちのバブル時代

真珠の国内需要の増加によって、真珠の生産量も一九七四年の三〇トンを底に増加していった。このころになると、生産地にも変化が生じ、愛媛県の台頭が目覚ましかった。天然真珠時代は有名ではなかったが、もともと愛媛には黒潮が流れこむ宇和海《うわかい》（図版9－11）という温暖で良好な漁場があり、天然のアコヤガイも数多く生息していた。水深が深いため、愛媛の人々はアコヤガイの存在にそれほど気づいていなかったのかもしれなかった。

愛媛県当局は一九六〇年代から積極的に「真珠県」を目指してきた。宇和海では毎年六月ごろに杉の葉を浸しておくと、三～四億個の稚貝が採取できるため、愛媛は全国一の母貝養殖県（図版9－12）となった。真珠養殖業も発展し、一九七四年以降は三重や長崎を抜いて生産量日本一となることが多くなった。いまや愛媛こそが真珠王国だった。

バブル景気に向かい出したころ、札束をもった業者が宇和海の真珠養殖業者を回るようになり、真珠を直接買うこともあった。バブル絶頂期の一九九〇年、全国の真珠生産量は七〇トンとなり、愛媛は四割を生産した。全国の生産額は八八五億円だった。品質のよい愛媛の真珠は高値で売れるため、愛媛では真珠業者一軒で平均四六〇〇万円の生産額があった。宇和海の海岸線の狭い道には高級車がひしめき、真珠御殿と呼ばれる豪勢な家が次々建った。(15) 生産者たちも国内需要の増加とバブル景気をしっかり享受したのだった。

9－12　宇和海の母貝の出荷の様子（『愛媛県百科大事典』）

しかし、バブルの宴《うたげ》はいつかは終わる。バブルがはじけた後、冷静に世界を見渡せば、日本のアコヤ真珠が世界の真珠市場に君臨する時代は過ぎ去っていた。熱帯や亜熱帯の多くの国々で真珠養殖が行われ、日本のアコヤ真珠の受難の時代が始まっていた。

第十章　真珠のグローバル時代

南の海にはシロチョウガイやクロチョウガイの大型真珠貝が生息している。その大きな貝を使って大粒の真珠を作り、世界をあっといわせたい――真珠養殖業者ならばだれもが一度は夢見る思いだろう。

戦前、御木本養殖場は沖縄の石垣島でクロチョウガイの真珠養殖を開始した。どうにか真円真珠を作り出したものの、商業化までにはいたらなかった。御木本は南洋群島のひとつパラオのコロール島にも進出した。南洋群島は真珠業界悲願の南の海だったが、シロチョウガイは生息していなかった。そのためアラフラ海からシロチョウガイを運んできて真珠養殖を実施したが、御木本も他の養殖会社も事業を軌道に乗せることができなかった。大型真珠貝は貝が大きいため脱核や斃死が多かったのである。恒常的な母貝不足も背景にあった。

そうしたなか、オランダ領インドネシアのブートン島に進出した藤田輔世《すけお》（藤田昌世の兄）は一九二〇年代末ごろにシロチョウウ真珠の生産に成功し、事業化にこぎつけた。しかし、その後、本人が死去し、戦局が悪化したため養殖事業は中止となった。

このように日本人は、戦前、大型真珠貝では目覚ましい成果を残せなかったが、戦後になると、状況は一転。世界各地で見事な真珠を作り出せるようになった。だが、その海外生産は、長い目で見れば、自分たちの真珠王国を脅かすことでもあったのである。

ビルマのシロチョウ真珠

戦後、日本人が最初に選んだ海域はビルマ（現ミャンマー）のメルギー諸島（現ベイッ諸島）の無人島マルコム島だった。ここの海域はシロチョウガイの名高い産地で、戦前は潜水服を着た日本人が四〇メートルの深さの海に潜ってシロチョウガイを集めていた。

一九五四年、高島真珠の高島吉郎がサウスシー・パール社を設立し、マルコム島でシロチョウ真珠の養殖を開始した。五七年には養殖に成功。詳細は不明であるが、ビルマの漁場は真珠の巻きが大変早く、一四ミリに達する大粒真珠も生産できたようである。

この真珠を絶賛したのがティファニー社だった。真珠は大きく、ピュア・ホワイトで、ピンクがかっており、素晴らしい光沢があると褒めたたえた。当然、値段も高めに設定。ティファニー社の「一九六一～六二年ブルーブック」によれば、七ミリから一四ミリのホワイト・サウスシー・パール七四個を使った二連のネックレスは一〇万ドルで、一四ミリの真珠一個に小粒ダイヤをあしらった指輪は七五〇〇ドルだった。[1]

これまで天然真珠の世界では、真円シロチョウ真珠はたまにしか出ない宝石だった。しかし、日本の養殖技術で生産が可能となったのである。真珠養殖技術はまさにバイオ・ジェミゼーション（生物による宝石形成）だった。

ただ、こうしたシロチョウ真珠の養殖については危惧《きぐ》する声も少なくなかった。なにしろ大きさも価格もアコヤ真珠と桁違《けたちが》いである。シロチョウ真珠が続々作り出されると、日本のアコヤ真珠の脅威になるという思いが業界内にあっても当然のことだろう。

養殖技術非公開の方針

水産庁の対応は素早かった。サウスシー・パール社がビルマに進出した翌年の一九五五年に海外真珠三原則を制定した。その内容は次のとおりである。

一　日本の真珠養殖技術は公開しない
二　生産された真珠は全量を日本に輸入し、その販売権は日本が取得する
三　真珠の生産は品種や形態で調整する

日本の業者が海外で真珠養殖を始める場合には、現地企業との役務提携契約にこの三原則を盛りこむよう徹底的に指導した。これによって日本の養殖技術は門外不出の国家機密とな

ったのだが、興味深いのは、その技術は国家や企業で共有されているものではなく、個々の技術者が経験を積み、独自に習得したものだった。個人の秘密の技術も少なくなく、一種の職人芸だった。外国人は見よう見まねではこの外科的な技術を習得できなかったようで、真珠養殖技術は手先の器用な日本人のお家芸だった。

海外真珠三原則を踏まえオーストラリアに乗り出したのが、日宝《にっぽう》真珠社長の栗林徳一《くりばやしとくいち》だった。オーストラリアは戦後、アラフラ海のシロチョウガイ採取をめぐり日本と争っていたが、一九二一年に制定した養殖真珠禁止法はすでに撤廃し、真珠養殖には前向きだった。

一九五六年、栗林はオーストラリア北西部の無人湾に養殖場を開設。無人湾は栗林の「栗」にちなんで「クリー・ベイ」と命名された。クリー・ベイは今日でも人里離れた辺鄙《へんぴ》で不便な土地である。岩城博という技術者ほか一四名が派遣され、一九五八年に真円のシロチョウ真珠の生産に成功した。

標準的なシロチョウ真珠は一二ミリの大きさだった。南の海は巻きが早いため、八ミリの核を入れ、二年間養殖すると一二ミリになった。[2] アコヤ真珠では重要となる巻きの厚さも、シロチョウ真珠では問題にならなかった。真珠は日本に持ちこまれ、世界に輸出された。

世界が欲しがった日本の技術

ビルマとオーストラリアの真珠生産が軌道に乗り出すと、世界の国々は日本の技術を渇望した。一九六一年十二月の『日本経済新聞』は「痛しかゆしの真珠養殖熱――技術者申し込み殺到」という見出しをつけ、「ここ二、三年各国で真珠の養殖熱が高まり水産庁、養殖業者などには豪州、ビルマ、フィリピンなど東南アジアをはじめ、エジプト、スーダンなどからも養殖技術者の紹介や申し込みが殺到している」と報道した。(3) 水産庁は日本の真珠産業を保護するため、業者に海外に進出しないよう指導していたが、一個何十万、何百万円の真珠が作れるとあって海外真珠養殖熱は勢いづくばかりだった。

一九六四年になると一〇社近くがオーストラリア、インドネシア、フィリピンなどでシロチョウ真珠の養殖を行うようになっていた。ビルマに関しては、一九六三年に軍事政権が養殖場を国有化したため、サウスシー・パール社は撤収した。海外の養殖業者たちにとって、日本との提携は技術非公開のうえ、真珠はすべて日本に送られるので面白くはなかったが、自分たちだけではやり方がわからないので、海外真珠三原則に屈服するしかなかった。

一九六四年七月、水産庁は、海外に進出した養殖業者たちに組合を組織させ、その組合がシロチョウ真珠の販売最低価格を決定するようにした。(4) シロチョウ真珠のカルテルである。この人為的な価格操作によってシロチョウ真珠の値段は吊りあげられ、アコヤ真珠の市場を脅かさなかった。それどころか、高価格で利ザヤが稼げるため加工業者や販売業者にも多大な利益を与えていた。日本は万全の態勢で技術と流通をおさえており、真珠の独占供給体制を維持していた。海外産真珠でも日本は真珠王国だった。

母貝集めの難しさ

海外進出は本質的には諸刃《もろは》の剣であった。それでも進出が許可されていったのは、シロチョウ真珠の大量生産は無理という安心感があったからだった。シロチョウガイはいつまでたっても稚貝の発生場所や時期が突きとめられず、海に潜ってひとつずつ天然母貝を集める必要があった。そうした方法だと、そのうち天然母貝は枯渇する。

クロチョウガイについても同じことがいえた。この貝も天然母貝に頼っていたが、クロチョウガイは潮流のある外洋のサンゴ礁に生息するため、採取はさらに大変だった。戦後、沖縄では九社がクロチョウ真珠の養殖を始めたが、母貝の枯渇などで八社が脱落。唯一残った琉球真珠が養殖に成功して、本土へ安定的に輸出するようになるのは一九七〇年以降である。クロチョウ真珠は商業化までに長い年月を要したのだった。

こうしたことからフレンチ・ポリネシア政府が一九六一年にクロチョウ真珠養殖の技術支援を日本に求めたとき、多くの人はそう簡単に成功しないと思っていた。しかし、フレンチ・ポリネシアのクロチョウガイは他の地域とは異なっていた。外洋ではなく、サンゴ環礁島の環礁湖《ラグーン》に生息していたのである。

タヒチのローゼンタール養殖場

フレンチ・ポリネシアはフランスの海外準県で、南太平洋の一一八のサンゴ環礁島や火山島からなる。首都パペーテがあるのがタヒチ島。タヒチという地名はフレンチ・ポリネシアの通称としても使われるので、本書でもそのように使用する。

タヒチ政府は真珠養殖の事業化を考えており、オーストラリアで成功した日宝真珠に依頼した。試験的なクロチョウ真珠の生産には成功したが、両者の間で話がまとまらず、事業計画は中止となった。

こうした動きに触発されて、タヒチ初の民間真珠養殖場を立ち上げたのが、ジャックとユベールのローゼンタール兄弟だった。彼らの祖父はかつての真珠王レオナール・ローゼンタールだった。一九六六年、ローゼンタール兄弟はマニヒ島で真珠養殖場を開設。当初は彼らだけで始めたが、うまくいかなかったようで、その後、日本人技術者を招聘《しょうへい》した。

レオナール・ローゼンタールは日本の養殖真珠の名高き敵であり、パリやニューヨークに住み、芸術を愛した人だった。しかし、彼の孫たちは、文化果つる南太平洋の島に移住して、日本の技術支援で真珠養殖業に乗り出した。興味深いエピソードは聞こえてこないが、養殖場は今日でも存続しており、きわめて堅実に操業しているようである。

サンゴ環礁島での真珠養殖

タヒチ政府は再び日本人技術者を招聘した。それが旭光《きょっこう》産業の技術者で、タヒチの養殖業の立役者のひとりとなった横溝節夫《よこみぞせつお》だった。彼の『タカポト島の黒い真珠』と『タヒチの輝き』によると、(5)一九七一年七月、横溝はタカポト島に到着した。タカポト島は南北一五キロ、東西五キロの細長い環礁島で、陸地部分は広いところで五〇〇メートル、狭いところで一〇〇メートル、テーブルに置いた輪ゴムのような島だった。

横溝によると、タカポト島のクロチョウガイは、貝殻内面の真珠層の黒縁部分がずば抜けて美しかった。ピーコックグリーンと呼ばれる濃緑にピンクが交じる色合いで、角度を変えるとゴールドや紫の色が現れた。天然のクロチョウ真珠ではピーコックグリーンは滅多に出ないため、横溝はこの濃い緑色を自分の手で作りたいと思っていた。

横溝にはタヒチの経済発展に貢献したいという思いもあった。タヒチの主要な輸出品はクロチョウガイのほか、コプラ（ヤシ油）やリン鉱しかなく、住民の生活は貧しかった。当時はフランスがムルロア環礁で核実験を繰り返しており、タヒチの水産局長から、フランスから独立するために新たな産業を興したいといわれると、その望みには共感できた。

横溝はタカポト島に小屋を構え、現地の人に貝を集めてもらって、挿核していった。養殖技術は非公開だったため、人々は横溝の挿核作業を遠巻きに眺めていた。彼らに教えずにひとり黙々と作業を行うのは申し訳ない気持ちだった。

二年後の一九七三年六月、ついに真珠を収穫する時期となった。まず試しに貝をひとつ取り上げた。貝の口を少し開け、軟体部を覗《のぞ》きこむと、なかに黒くにぶい光が見えた。「それは黒真珠を夢みて十年、最も興奮した一瞬であった。取り出した真珠は黒ではなく……まさに追いつづけていたピーコックグリーン……その色である。やった！　という満足感と、しばしの間、のぼせ上がるような興奮状態がつづいた[6]」

その後、現地の人を招いての真珠の浜揚げ会となった。食いいるように見守る島人の人垣ができていた。貝から真珠がつまみ出されるたびに「オー」という歓声が上がり、「マイタイ・ロアー」（素晴らしい）という言葉が響く。当初、彼らは真珠を透かしたり、手のひらで重さを実感したりしていたが、次第に真珠を飲みこむふりをしたり、窓から捨てるような真似を始めた。横溝にはこのおどけた動作が感動の表れであることがわかっていた。真珠養殖技術者として至福の一瞬だった。

このとき、一〇〇〇個の真珠が収穫されたが、思った以上によい確率で、色鮮やかな珠ができていた。ただ、筋やへこみのある真珠も多く、品質的にはまだ改良の余地があった。それでも横溝の努力によってクロチョウ真珠養殖の道筋がついたのだった。

クロチョウ真珠は黒真珠といわれるが、その色は必ずしも黒ではない。横溝が目指したピーコックグリーンのほか、ブルーブラック、ナスビ色、チェリー色、ピスタチオ色など、さまざまな色が現れる（カラー図版9）。そうした色は天然では滅多に出なかった。真珠養殖のバイオ・ジェミゼーションは、自然界では幻の宝石まで作り出したのだった。横溝が作り出した絶品の茄子紺色の真珠は三〇〇万円ですぐに売れたという(7)。

真珠養殖の発展期

タヒチ政府は真珠養殖業を奨励した。ツアモツ諸島やガンビエ諸島の島々では中小の真珠養殖業者が続々誕生していった。横溝や新たに加わった日本人が挿核を担当したが、母貝を集め、核入れ後の貝を育てるのは個々の養殖業者の仕事だった。

養殖業の追い風となったのは、クロチョウガイが増え出したことだった。真珠養殖は環礁湖で行われたが、その閉ざされた海域で貝の交配が進んでいった。採苗器を海水中に浸して一年間置いておくと、一〇センチ前後のクロチョウガイが五〇個、一〇〇個と団子状になって上がってきた。日本のアコヤガイとくらべると、うらやましくなるほど簡単だった。サンゴの環礁湖は真珠養殖にとって理想的な環境だった。

白い浜辺とヤシの並木。時間だけがけだるく流れるタヒチの青いサンゴ礁から、色とりどりの宝石がこぼれるように生まれ出したのである。真珠養殖業はタヒチの地場産業となり、かつての日本と同じように、辺鄙な島々に雇用と現金収入の道を与えていった。人々は急速に豊かになり、憧れだった発電機の購入や飛行場の建設が現実となった。真珠養殖業は観光に次ぐ第二の産業となり、真珠は外貨を稼ぐドル箱となった。

新たな真珠王、ロバート・ワン

真珠生産が軌道に乗り出すと、現地資本の養殖業者も次々誕生するようになった。彼らは難しい外科的挿核技術は習得できなかったが、それはブラックボックスのままで日本人挿核者《グラフター》を高給で雇用した。現地生産者は日本の真珠三原則を遵守する必要がなく、次第に独自のマーケティングを行うようになっていった。

そうしたひとりにロバート・ワンがいた。タヒチで一、二を争う華僑《かきょう》の実業家で、一九七四年、タヒチパール社を設立し、真珠養殖を開始した。その後、大型のクロチョウガイがいるツアモツ諸島の南マルテア島をはじめ、いくつかの島を手に入れた。一九九〇年代になると、タヒチのクロチョウ真珠の半分を生産する最大手の養殖業者となった。

ワンや彼以前の養殖業者たちは、ニューヨークなどを中心にタヒチのクロチョウ真珠の市場開拓に乗り出していた。しかし、初期のころは相手にされなかった。当時の黒真珠は放射線照射による黒変真珠だったため、養殖クロチョウ真珠も人工着色と考えられたのである。しかし、次第にタヒチのクロチョウ真珠はナチュラル・カラーであることが知られるようになり、また、「タヒチアン・ブラック・パール」という名称も欧米市場で受け入れられて、人気を博すようになっていった。クロチョウ真珠の登場はふたつの重要な意味をもっていた。ひとつはバイヤーや消費者の間に天然色重視の風潮が広まったことである。クロチョウ真

10－1　「真珠王」と呼ばれるようになったタヒチのロバート・ワン（*National Geographic* Jun. 1997.）

珠の緑や赤紫のナチュラル・カラーは、自然の造形の素晴らしさであり、人々に大きな感動をもたらした。同時にそれは、日本のアコヤ真珠が漂白され、着色されていることが、何だかよくないような印象を与えることになった。

　もうひとつの意味は真珠の従来のイメージを変えたことである。これまで真珠といえば白であった。しかし、タヒチのクロチョウ真珠は黒ばかりでなく色彩が豊かであった。ワンは色とりどりのクロチョウ真珠を合わせたマルチ・ストランドというネックレスを開発したが、これはなかなか好評だった。

　一九九七年の『ナショナル・ジオグラフィック』誌は、ワンに関する記事を掲載した(8)。記者はタヒチから三時間のフライトでツアモツ諸島の南マルテア島を訪問。ワンがこの世の果ての南の島に発電機からソイ・ソースまで持ちこんで、日本のアコヤガイの四倍の大きさの真珠貝で真珠を作っていることを報道した（図版10－1）。

　日本の真珠業界にとってこの記事は悔しくてたまらなかった。ロバート・ワンを三回も「真珠王」と評したのである。これまで真珠王といえば御木本幸吉で、真珠王とともに語られるのはアゴベイ、シマ、トバという地名だった。しかし、いまでは真珠王とともに語られるのはタヒチ、ツアモツ、マルテアとなった。

オーストラリアの真珠王国

オーストラリアにも真珠王国が生まれていた。

それが同国北部のダーウィンを拠点とするパスパレー社だった。一九六〇年代には日本のアラフラ真珠から役務提供を受け、真珠養殖を行っていた。しかし、一九八〇年代に創業者一族のニコラス・パスパレーが社長になると、独自路線を取り、クリー・ベイなどの養殖場を次々と買収。一九九一年にはオーストラリアのシロチョウ真珠の六〇パーセントを生産するようになった。彼らの真珠養殖場はオーストラリア北岸の二五〇〇キロの海岸沿いに点在しており、養殖場へは小型ジェットで移動する。空飛ぶ真珠王国だった。

10－2　パスパレーのシロチョウ真珠と日本のアコヤ真珠 (*National Geographic* Dec. 1991.)

　オーストラリアのシロチョウ真珠は真珠市場では「ホワイト・サウスシー・パール」と呼ばれている。真珠は一般に大珠であるが、パスパレーの作る真珠は特大だった。一九九九年には二三ミリの世界最大の真珠を作り上げた。天然真珠の世界では球形の真珠は一六ミリぐらいまでで、それを超えるとドロップ型の真珠となることが多かった[9]。バイオ・ジェミゼーションの進展は自然界にはほとんど存在しない巨大真珠を生み出したのだった（図版10－2）。

当然、値段は高くなる。日本の上質アコヤ真珠のネックレス四〇〇〇ドルに対し、ホワイト・サウスシー・パールは一九万ドルの値段になった。大きさでも価格でも頑丈さでもアコヤ真珠が太刀打ちできない「ロールスロイス」のような巨大真珠が存在感を増しつつあった[10]。

ゴールデン・パールの誕生

ロバート・ワン、パスパレーと並ぶ真珠ブランドとなったのが、ジュエルマ社だった[11]。一九七九年、ジャック・ブラネレックというフランス人が主体となってフィリピン・スル海のパラワン島に設立した会社で、ゴールド・リップ（金縁種）と呼ばれるシロチョウガイの真珠養殖を行っている。ゴールド・リップは、その名のとおり、貝殻内面の真珠層の周縁部分が金色になっているシロチョウガイで、フィリピン、インドネシアなどにしか生息しない珍しい品種だった。

ブラネレックはゴールド・リップの母貝を厳しく選抜し、人工孵化で母貝を増やし、ついに「ゴールデン・パール」を生み出した。それは真珠に金色の輝きが加わった奇跡の宝石だった。古来、人類は金銀珠玉をあがめてきた。金色に輝く真珠こそ人類の究極の憧れだったかもしれなかった。それがフィリピンの海で可能となったのである。

ゴールデン・パールは、今日、奄美大島《あまみおおしま》（カラー図版10）やインドネシアなどでも生産されている。一九九五年以降、インドネシア政府は人工孵化による母貝の供給体制を整え、現地企業を育成した。ゴールデンをはじめ、黄色やクリーム色のシロチョウ真珠が生産されている。

一九八〇年代、シロチョウ真珠の生産はオーストラリア、インドネシア、フィリピンが御三家で、クロチョウ真珠の生産はタヒチがほぼ九〇パーセントを占めていた。とはいえ、こうしたシロチョウ真珠、クロチョウ真珠の世界の生産量は両方合わせても一九八五年時で一トンに達していなかった。[12] 一九九〇年代になるとタヒチのクロチョウ真珠生産は一トンを超えるようになったが、それでも日本の七〇トン前後のアコヤ真珠の生産量から見るとほんのわずかだった。

中国の淡水真珠の台頭

オーストラリアやタヒチなど、真珠養殖の発展にはいつも日本人の貢献があった。しかし、日本人のあずかり知らぬところで、日本人の技術支援なしに真珠養殖を始めた国があった。中国である。

真珠養殖の舞台となったのは江南《こうなん》地方の浙江省や江蘇《こうそ》省だった。長江の下流域の地域で、十一世紀から淡水真珠養殖が行われていた。一九六〇年代後半から当局が外貨獲得の一環として真珠養殖を奨励するようになり、専門員が挿核した淡水産カラスガイをこの地域の農家に配っていった。こうして湖や池、灌漑《かんがい》水路や自宅前のため池など、水のたまっているところならどこでも真珠が作られるようになった。真珠養殖は農家の副業となった（図版10－3、10－4）。

中国の養殖方法は、琵琶湖と同じ無核真珠の養殖だった。ひとつの貝に二〇～四〇個のピースを入れて真珠を作り、その後も真珠袋を再利用する「貝の二毛作、三毛作」である。そのため一個の貝の生産量はきわめて多い。中国人が琵琶湖方式をどこまで知っていたか定かではない。しかし、日本人同様、手先が器用な中国人は真珠養殖を推し進めていった。なにしろ真珠養殖の伝統は中国のほうが古いのである。

ただ、真珠母貝はカラスガイだったため、品質はよくなかった。真珠は三～四ミリの皺の多い米粒のような形が多く、ライス・クリスピー・パール（米を揚げたような真珠）と呼ばれていた。それでも中国人はこの真珠を積極的に生産し、上海《シャンハイ》公司を通してアメリカ、香港、インドなどに輸出した。香港のディーラーが生産地を回り、テレビやラジオ、時計との交換で真珠を入手することも多かった。

当初、日本は中国の動きに気づいていなかった。しかし、淡水真珠の存在を知ると、その後は積極的に輸入した。最初に輸入したのは一九七一年で、わずか〇・六キロだったが、七四年には五八〇キロ、七八年には一〇トンを輸入した。

輸入が急増した背景には、琵琶湖の淡水真珠の不振があった。水質汚染のため、琵琶湖の真珠の生産量は一九七二年の七・三トンを境に減少していた。こうした時期に中国淡水真珠が現れたので、加工業者や輸出業者は渡りに船だった。ビワパールとして再輸出する業者も少なくなく、価格が安いため利益は大きかった。ただ、いくら売れても、淡水真珠はしょせ

10－3　中国の淡水真珠養殖の作業場
(Bari. *Pearls.*)

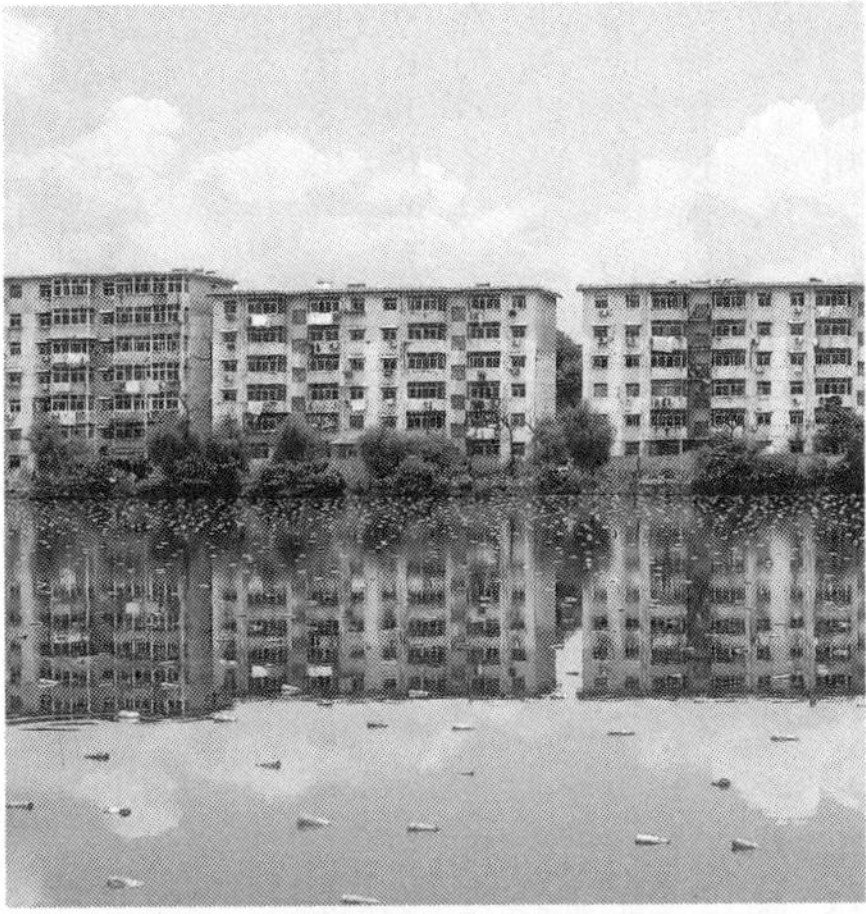

10－4　中国の淡水真珠養殖の光景　貝のネットを吊す「浮き」にはペットボトルなどが使われる (Bari. *Pearls.*)

ん二級品なので、アコヤ真珠の脅威にならないと日本人は高をくっていた。

中国アコヤ真珠の登場

一九八〇年代になると、日本の真珠業界の肝を冷やす話が聞こえてきた。海南島や雷州半島があるトンキン湾で中国アコヤガイの真珠養殖が行われているというのである。当初、日本はその動きを察知しておらず、海外のバイヤーから話を聞いて衝撃を受けた。

一九八二年に真珠業界の人たちが海南島に視察に行くと、日本のアコヤガイと同じ貝で真珠養殖が行われており、真珠養殖の養成学校もあった。日本の養殖技術書の翻訳本まで売られていて、関係者を驚かせた。日本の極秘技術は流出していたのだった。(13)

一九八四年、今度は雷州半島に視察に行くと、そこでは数千の養殖業者が乱立し、三〜五ミリの薄珠の真珠の生産に励んでいた。雷州半島の養殖の光景は一九六〇年代前半の日本を彷彿《ほうふつ》とさせるものだった。真珠は年産一一トンから一八トンあるという話だった。ただ、日本のアコヤ真珠とくらべると、色が悪く、透明感もない小粒真珠だったので、視察団は自分たちの品質に自信を深め、安堵《あんど》の胸をなでおろしたのだった。(14)

しかし、この時期の数字を整理すると意外なことが見えてくる。一九八四年の中国淡水真珠の生産量は六〇トンから八〇トンあった。(15)これに年産一一トンから一八トンの中国アコヤ真珠を加えると、中国の真珠生産量は七一トンから九八トンあったことになる。

一方、一九八四年の日本の真珠の生産量（アコヤ真珠と淡水真珠）は七〇トンで、中国よりも下回っている。すでに一九八四年には中国は日本の真珠生産量を追い抜き、世界最大の真珠生産国になっていたのである。

中国淡水真珠の爆発的大増産

一九九〇年代になると、中国は淡水真珠の品質をみるみる改良していった。従来のカラスガイをやめ、ヒレイケチョウガイを使用、養殖期間を五～八年にした。これによって七～八ミリの円形やセミラウンドの光沢のある美しい真珠が作れるようになり、世界中を驚かせた。これまで中国淡水真珠といえば、安かろう、悪かろうの代名詞だったが、その概念を覆す素晴らしい品質に達したのである。しかも真珠は無核なので、すべてが真珠質という申し分のないものだった。

真珠の生産地は多くの省に広がっていった。浙江省諸暨《しょき》市や江蘇省蘇州《そしゅう》市には真珠市場が設立され、生産者の農民が店舗ブースで真珠を販売するようになった(16)。市場は常設で、だれでも入ることができ、真珠を買いたいだけ買うことができた。高品質の真珠もあったが、露骨に着色された真珠、観光地の露店で山積みされるような雑貨並みの真珠も多かった（図版10－5）。ただ、真珠は常に供給不足という状況を劇的に変えたのだった。

中国淡水真珠の生産量は爆発的に増加した。一九九七年には年間五〇〇～八〇〇トンとなり、二〇〇四年には一五〇〇トンとなった。二〇〇八年の世界不況で減産したが、二〇一〇年には再び一五〇〇トンとなった。一方、この時期の日本の真珠生産量は二一トンだった。中国は日本が足元にも及ばない真珠の巨大生産国となったのだった。

そのうえ、価格は安かった。日本のアコヤ真珠では八ミリ四二センチのネックレスが小売価格で一〇万円から数十万円するのに対して、中国淡水真珠は数千円から一～二万円程度だった。しかも、真珠は一〇〇パーセント真珠質の高品質。中国の淡水無核真珠は真珠業界最大のパラドックスとなったのである。日本は当初、中国アコヤ真珠が脅威になると見ていたが、ほんとうの脅威はこれまで侮っていた淡水真珠だった。

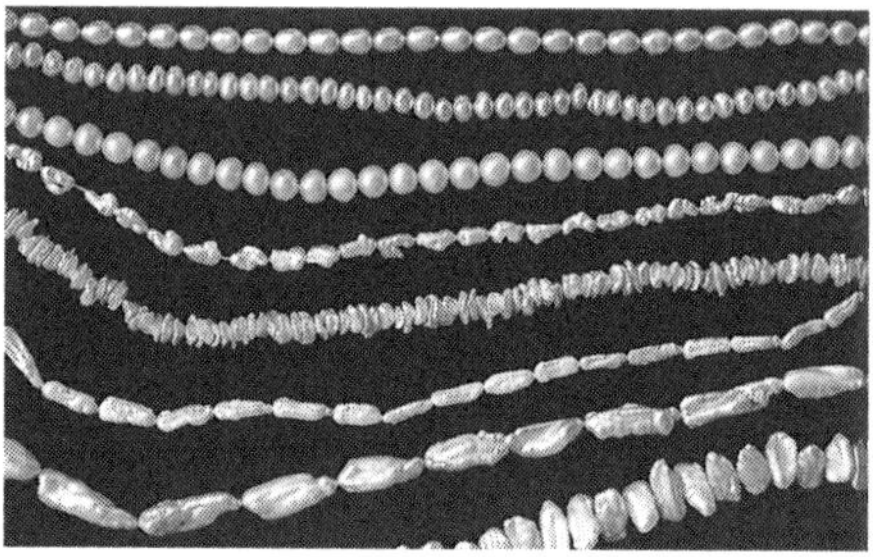

10－5　中国の淡水真珠のバリエーション（*National Geographic* Aug. 1985.）

香港市場の台頭

中国の真珠の急伸を背景に、世界的市場として台頭したのが香港だった。

もともと香港は日本のアコヤ真珠の加工や輸出の一大拠点だった。中国淡水真珠の生産量が増え出すと、それらの真珠も積極的に扱われるようになった。

一九九〇年代になると、ロバート・ワンやパスパレーなどの真珠ブランドが香港で入札会を開くようになった。香港はクロチョウ真珠やシロチョウ真珠の重要な取引地となり、世界のバイヤーは香港を目指すようになった。香港では世界最大級の国際ジュエリーショーも開かれており、世界の素晴らしい真珠が一堂に会する場所となった。

二〇〇一年になると神戸の真珠業者は、海外のバイヤーが少なくなり、真珠取引の中心が香港に移りつつあることを実感するようになった[17]。真珠のグローバリゼーションはパールシティ神戸の重要性を低下させ、日本の真珠供給独占体制を崩したのである。

日本の南洋真珠ブーム

真珠のグローバリゼーションは、日本の真珠販売業者にとって必ずしも悪いことではなかった。クロチョウ真珠は「黒真珠」と呼ばれることもあったが、クロチョウ真珠、シロチョウ真珠とも「南洋真珠」と呼ばれていた。これらの南洋真珠は、市場が飽和状態のアコヤ真珠に代わる有望商品となった。

ミキモトはロバート・ワンやパスパレーの重要なクライアントでもあった。他の販売業者たちも香港やタヒチ、世界各地の入札会に参加して、南洋真珠を高値で買いまくっていた。一九九〇年にはオーストラリアのシロチョウ真珠のバラ珠は一グラム一万円、タヒチのクロチョウ真珠のバラ珠は一グラム一万三〇〇〇円で日本に輸入されている[18]。そのため南洋真珠のネックレスは一本数百万円から二千万円の高値となった。しかし、この時期の日本には、世界第二の経済力を背景に、高額商品が大好きな日本人が存在した。バブル経済が崩壊しても南洋真珠はよく売れており、消費者のニーズをつかんでいた。南洋真珠を輸入して、再輸出する間接輸出も好調だった。

価格の安い中国アコヤ真珠も輸入されていた。輸入量は数トンぐらいだったが、バラ珠一グラム三〇〇円程度で輸入されているので[19]、販売業者などはかなりの利益を出せたはずだった。日本の販売業者や輸出入業者は真珠のグローバル化に沸いていた。

真珠輸出大国の終焉

そうしたなか、ひとり取り残されていったのが、日本のアコヤ真珠の生産者だった。

多彩な真珠の登場はアコヤ真珠のシェアを確実に奪っていた。そのうえ、一九九〇年代は日本各地のアコヤ真珠の漁場が新型赤潮や新型感染症に見舞われて、生産量が激減していた時代だった。そのためアコヤ真珠単独の輸出は低迷するようになった。

一九九〇年代の貿易統計は、アコヤ真珠の輸出額と南洋真珠の再輸出額の合計値のみを記しているため、今日ではアコヤ単独の輸出額はわからない。しかし、当時の『日本経済新聞』が興味深い表を掲載している[20]（図版10－6）。その表によると、一九九四年にはアコヤ真珠単独の輸出額は三〇〇億円を割りこみ、真珠の輸入額のほうが多くなっている。九五年には輸出が回復したが、九六年には輸出三一六億円に対して、輸入は三二九億円となり、再び輸入超過となっている。同紙は真珠の貿易構造が変わりつつあることを指摘している。

二〇〇〇年に貿易統計の分類が変わってアコヤ真珠単独の輸出額が明らかになると、輸出額は二二三億円になっていた。[21]一方、真珠の輸入額は三五四億円だった。戦後、日本は真珠大国で、アコヤ真珠は輸出の花形だった。しかし、アコヤ真珠が莫大な外貨を稼ぐという従来の貿易構造はついに終止符を打ったのである。

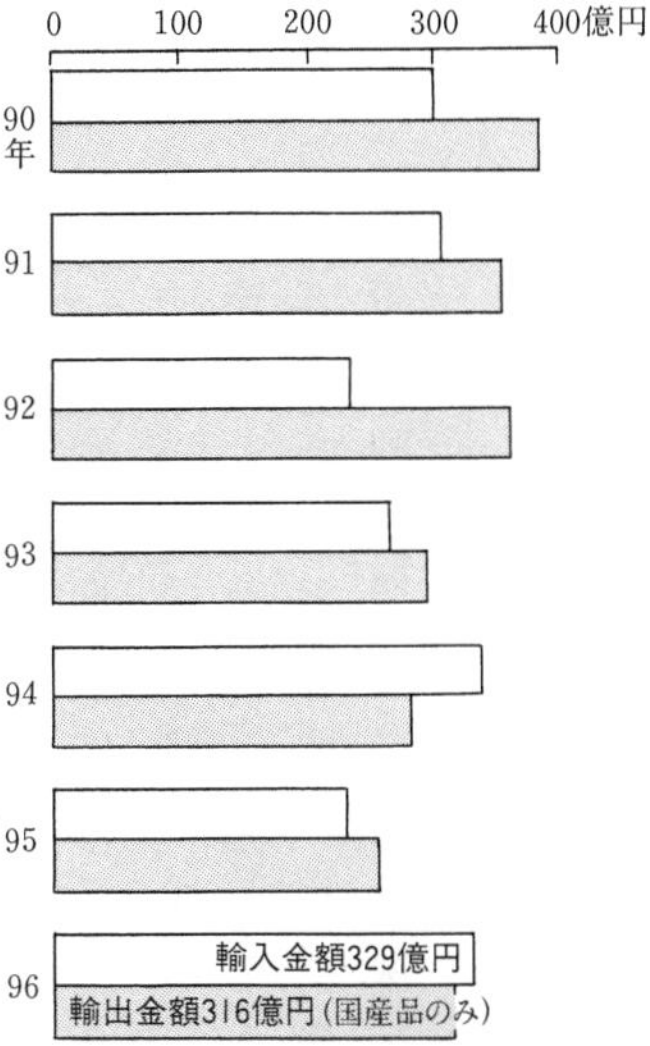

10－6　アコヤ真珠の輸出額と外国産真珠の輸入額（『日本経済新聞』1997年9月22日夕刊をもとに作成）

日本の存在感の低下

二〇〇五年、世界市場における真珠の生産額は六億四〇〇〇万ドルだった。そのうち、オーストラリア、インドネシア、フィリピンなどのシロチョウ真珠が三七パーセント、タヒチなどのクロチョウ真珠が二〇パーセントだった。日本と中国のアコヤ真珠の生産額は合計一億二八〇〇万ドルで、全体の二〇パーセントだった。[22]

世界の真珠生産額の半分以上がシロチョウ真珠とクロチョウ真珠になったのである。このことは世界の真珠業界における日本の地位の低下を意味していた。今日、世界では真珠に国際基準を導入しようという動きがある。しかし、その基準作りは日本ではなく欧米の宝石団体主導で進められている。オーストラリアやタヒチなどの生産者は、自分たちの真珠が着色しない天然色の真珠であること、一五ミリ、二〇ミリの大粒真珠であることを宣伝し、真珠市場での発言力を強めている。そうしたなか、アコヤ真珠が新しい国際基準でどのような評価を与えられるのか、日本の関係者は戦々恐々としている。

世界の真珠の大増産

真珠は世界各地で生産されるようになった。

太平洋や東南アジアの多くの国ではクロチョウ真珠やシロチョウ真珠が生産され、インドやバングラデシュでは淡水真珠の生産が盛んである。メキシコでは個性的で美しいアワビ真珠などが作られている。アコヤガイの養殖は、かつて真珠の産地だったドバイやカタールなどのアラビア湾岸諸国が、過去の栄光を取り戻すべく積極的に取り組むようになっている。ベトナムや台湾などでも行われている。

こうした真珠の生産国は発展途上国が多く、かつての日本と同じように外貨獲得産業として政府も力を入れている。真珠のグローバリゼーションはもはやだれにも止められない。

第十一章　真珠のエコロジー

真珠のグローバリゼーションで、アコヤ真珠はあまたある真珠のひとつとなった。それでも日本がアコヤ真珠の生産を順調に続けていれば、真珠養殖の本家本元として世界に君臨できたはずだった。しかし、一九九〇年代になると、海の環境悪化によってアコヤガイの大量死が相次ぐようになった。そのため、日本の真珠養殖業の土台そのものがぐらつきはじめたのだった。

ただ、この点については日本人自身も反省すべき点があった。すでに一九五〇年代、六〇年代に漁場の老化や疲弊が指摘されながらも、真珠業界や国や県の関係部局は手をこまぬいてきたからである。この章では真珠養殖業と海の問題を考えてみよう。

真珠養殖業と海への負荷

真珠養殖業は、真珠貝を働かせて宝石を無尽蔵に作り出すバイオ・ジェミゼーション（生物による宝石形成）である。宝石業は本来資源収奪型なので、真珠養殖は画期的なビジネスモデルであった。しかし、このビジネスモデルには弱点があった。それは海に多大な負荷をかけることである。

とくに一九二〇年代以降、竹筏の下に養殖籠を吊す垂下式が普及していくと、海への負荷は大きくなっていった。垂下式は海に真珠筏を浮かべるだけで比較的簡単に養殖が始められる。そのため戦後になって英虞湾に中小や零細の真珠養殖業者が続出すると、たちまち密殖状態を招くことになった。

当時、一台の筏には約五〇〇〇個のアコヤガイが養殖されていた。生きているアコヤガイは糞を出す。筏一台のアコヤガイが一年間に出す糞量は数トンに達した。(1) アコヤガイはフジツボや海藻類がつきやすいため、それらをこそぎ落とす必要がある。清掃カスは海に捨てた。さらに真珠を取り出した後のアコヤガイの貝肉も海に投棄。貝殻だけは貝ボタンなどに利用できた。

こうした廃棄物は主にふたつの点で問題があった。

ひとつは、これらの有機物には窒素やリンが多く含まれているので、それらを餌《えさ》とする植物プランクトンが時折異常増殖し、赤潮が発生しやすくなることである。

もうひとつの問題は、そうした有機物はヘドロとなって海底にたまり、貧酸素水塊や硫化水素を発生させることである。貧酸素水塊とは、細菌が有機物を分解したとき、酸素を消費して起こる現象で、これが発生すると貝や魚は窒息する。さらに、酸素不足の状態では嫌気性細菌が有機物を分解しはじめるので、腐った卵の匂いのような有毒の硫化水素が発生する。

こうした環境負荷のサイクルは真珠養殖業だけでなく、他の貝類や魚類の養殖業もそれぞれかかえる問題だろう。ただ、英虞湾では年季が違った。一九五〇年代半ばで真珠養殖は六十年の歴史があった。海底には数センチから数十センチのヘドロがたまっていた。

真珠ブームによる生産過剰と品質の低下

一九五六年、英虞湾の各海域で大規模な硫化水素が発生し、大量の貝が斃死した。三重県の対応は早かった。一九五七年に真珠筏を登録制にし、英虞湾の密殖状態を緩和しようとした。ただこの規制は海の環境改善につながるよりも、規制を嫌った三重県業者を西日本の海に拡散させることになった。真珠養殖に適した西日本の海はたちまち取り合いとなり、養殖業者たちは新天地の海に所狭しと筏を浮かべた。

一九六〇年代になると、世界が日本の真珠を渇望した。真珠は作れば作るだけ儲かった時代だった。同じ漁場が休みなく使われ、過剰生産は当たり前だった。英虞湾では海の生産力が落ち、貝の死亡率が上昇していた。他県では一〇パーセント程度だったが、三重県では三四パーセントになり、二年物や一年物の真珠が増加していた。[2] 全国でも真珠の粗製乱造と品質低下が顕著となり、つやのない栄養失調の真珠や薄巻きの真珠が増えていた。[3]

当時の新聞はこうした傾向に警鐘を鳴らしていた。しかし、この時期に起こったのが、一九六七年の真珠不況だった。真珠の売れ行きはぱたっと止まり、真珠の品質改善や海の環境改善よりも、市況の改善が急務となった。

真珠不況によって、真珠養殖業者の倒産や撤退が相次ぎ、生産者は三分の二以下に減少した。御木本もこの時期、真珠養殖業から撤退していき、真珠を外部調達する会社となった。[4]そのことは御木本のような名門が海の環境悪化に生産者として向き合わなくなったことを意味していた。漁場の環境改善は家族経営がほとんどの中小零細の養殖業者にゆだねられたのだった。ただ、このときは生産者が減少したことで密殖は緩和され、抜本的な対策は採られなかった。

『ナショナル・ジオグラフィック』誌の衝撃

一九七三年ごろから真珠業界は息を吹き返し、一九八〇年代になると空前の好景気に沸くようになった。時代はバブル景気に突き進んでいた。

一九八五年、アメリカの『ナショナル・ジオグラフィック』誌が真珠の特集記事を組んだ。[5]そのなかで、日本の真珠業者は養殖期間を二年半から一年半に、あるいは六~八ヵ月に縮めているため、真珠層が薄くなり、アメリカの輸出業者の間で大きな問題となっていることを報道した。さらに日本の真珠研究者によれば日本では真珠層の巻きは最初の半年で〇・二ミりであること、養殖真珠は漂白され、ピンクなどに染められている可能性があることなども指摘した。

真珠層の巻きの厚さについては、今日では各県の水産研究所や水産研究センターの懸命の努力などによって八ヵ月で片側〇・五ミリ以上巻くアコヤガイなどが開発されているし、漁場を何度も変えて貝に刺激を与え、真珠層をよく巻かせる方法なども実施されている。四国や九州などの漁場での巻きは早い。巻きの厚さを一概にいえないのも事実である。

ただ、当時、この『ナショナル・ジオグラフィック』誌が与えた衝撃は大きかった。日本の真珠の養殖期間が短くなり、真珠層の巻きが薄くなっていること、さらに真珠の漂白、着色など、日本の真珠業界が公にしたくなかった内容が世界に発信されたのだった。『日本経済新聞』は後追い記事を掲載し、ジェトロ（日本貿易振興会）の談話として、日本の真珠の品質についてアメリカのバイヤーからやはり苦情が出ていることを伝えている(6)。

海外からのクレームは自分たちの真珠養殖の在り方を反省するいい機会であった。しかし、当時は国内販売も輸出も絶好調で、真珠は売れに売れていた時代だった。『ナショナル・ジオグラフィック』誌が投じた一石も、好況という大きな波のなかでかき消されていった。人々は真珠の生産に忙しく、真珠の品質や海の環境を考えている暇はなかった。

新型赤潮の発生

一九九〇年、英虞湾の水質と底質は悪化の一途をたどっていた。バブル期のホテル建設と観光客の増加による生活排水の増加も海の悪化に拍車をかけた。三重県は早い時期から底質改良のため石灰を散布し、一九八一年以降は小規模な浚渫事業を各海域で実施していた。しかし、赤潮、貧酸素水塊、硫化水素は毎年のように発生した[7]。

一九九二年には、ヘテロカプサという新型プランクトンの赤潮が英虞湾で発生し、大量のアコヤガイを斃死させた。ヘテロカプサはアコヤガイ、カキ、アサリなどの二枚貝を数分で殺す厄介な植物プランクトンだった。

このプランクトンが従来のプランクトンと違うのは、ヘドロ内の有機窒素や有機リンからも餌になる窒素やリンを取りこむことができると考えられていることである[8]。真珠養殖の百年間のヘドロがたまっている英虞湾の海底はヘテロカプサの温床となり、この赤潮は毎年のように発生するようになった。三重県は海のモニタリングを進め、真珠養殖業者も赤潮対策を採れるようになったが、二〇一一年には再び大きな被害を出した。

英虞湾と並ぶヘテロカプサ赤潮の頻発地は、カキの垂下式養殖が盛んな広島湾である。新型赤潮は海底にヘドロを増やす日本の養殖業の在り方そのものを問いはじめたのである。

一九九六年のアコヤガイの大量斃死

三重県の養殖業者が英虞湾の環境悪化に苦しむなか、真珠王国愛媛県の漁場は良好だった。宇和海では黒潮の「底入り潮」などが海水を循環させており、水深が深いため漁場は老化しにくかった。他県では養殖期間が一年未満の「当年物」真珠が当たり前になるなか、愛媛では二年養殖する「越物」真珠が主流だった。また、愛媛は一九七八年にアコヤガイの人工孵化に成功し、全国の母貝の七〜八割を生産する母貝王国としても君臨していた。こうした愛媛の優良な漁場に新型感染症が蔓延し、アコヤガイが大量死するようになった。

一九九四年、愛媛と大分の間の豊後《ぶんご》水道の海域で、夏の高水温時に母貝用の若いアコヤガイの貝柱が赤橙色になり、貝が弱体化して死ぬという前例のない病気が発生した。後にアコヤガイ赤変病と呼ばれる新型感染症だった。しかし、このときは一過性だと考えられていた。

一九九六年の夏から秋の高水温時、再びこの赤変病が牙を剝いた。当時の『朝日新聞』は「『真珠の海』墓場と化す」という見出しのもと、浜揚げしたアコヤガイの半分近くが死んでおり、死貝を荷台いっぱいに積んだ軽トラックが、毎夕、宇和海の沿岸部の道端までやって来て、貝を捨てていく事態となっていることを報道した[9]。

愛媛県は母貝の大供給地だったため、赤変病は瞬く間に出荷先の他県にも伝染した。全国で一日平均一〇〇万個ずつのペースでアコヤガイは死んでいき、一九九六年末までに二億個の貝が斃死した[10]。この年、全国の貝の死亡率は五〇・五パーセントとなった。翌年、その翌年も赤変病は収束を見せず、貝は死につづけていた。関係者は泣きたい思いだっただろう。

死亡率が九〇パーセントに達する養殖場も少なくなかった。一九九八年、全国のアコヤガイの死亡率は七五パーセントになったと考えられている。[11]

真珠の生産量は減少した。一九九三年は七三トンを誇っていたが、一九九七年（真珠の生産量は主に翌年反映される）は四八トン、一九九九年は二五トンになった。自殺する生産者も少なくなく、真珠養殖業はこれからも産業として存続できるのかという不安に多くの人を陥れた。これまで日本人は海さえあれば、真珠を作り出せると信じてきた。その日本の海がアコヤガイを育めなくなったのである。

大量死の対症療法

赤変病が不気味だったのは、この病気を十年以上も解明できなかったことだった。まさに謎の感染症だった。今日ではアコヤガイの血リンパ中に存在する微小な病原体であることが判明し、単クローン抗体も開発されている。ただ、病原体は小さすぎて特定にはいたっておらず、いまだに抜本的な対策が打てないのが実状である。

この未曽有の災難への対策は、赤変病に強い貝を作ることだった。県の水産研究センターや水産研究所、市町村、漁協、漁連などが連携して研究を重ね、高水温に耐性のある中国南部のアコヤガイと日本のアコヤガイをかけあわせた「日中交雑貝」などを開発した。ベトナムアコヤガイやペルシア湾アコヤガイとの「交雑貝」も生み出された。

一九九八年ごろからこうした交雑貝が使用されるようになった。人でも貝でも近親結婚より遠くの新しい血を入れるのはよいようで、効果は絶大、貝の死亡率は八～二〇パーセント程度に減少した。しかし、交雑貝の真珠は色や光沢で難があるという指摘もあり、白くて厚巻きの真珠を作る国産母貝を選抜して、優良母貝を作る努力もなされている。[12] そうした創意工夫によって一級品の真珠の出現率も上昇し、養殖業者たちは再び真珠作りに向きあえるようになった。

ただ、海の環境から考えると、アコヤガイが強くなっただけで、宇和海や英虞湾に赤変病が蔓延していることに変わりはない。これらの海に石川県などの国産天然アコヤガイを入れると、貝は高い死亡率を示すという実験もあり、[13] 謎の病原体はいまも日本の海を漂っている。

世界各地の大量死

世界を見ると、アコヤガイの大量斃死は日本だけの問題ではないことがわかる。

タヒチでは一九八五年にタカポト島や他の島々で大量死が発生したことがあった。[14] 原因は特定できず、一九八六年前半期に貝の死亡率は四七パーセントになった。ここでは環礁湖という閉鎖性海域で真珠養殖が営まれるため、海の環境悪化は早かった。そのうえ、中小業者が多く、密殖も横行していた。二〇〇三年にＧＰＳで測定したところ、登録海域の八六一倍の海域が使用されていることがわかり、関係者を驚かせた。貝の死亡率はいまでも四四パーセントである。

オーストラリアでも一九八〇年代にシロチョウガイの死亡率が高くなり、真珠の生産量が五〇万個から五万個に減少したことがあった。そうしたこともあり、オーストラリア政府は真珠養殖業者の数を制限し、天然シロチョウガイだけを使用するよう指導、厳しい規制を設けている。今日、オーストラリアは真珠養殖と海の環境が両立できているモデル地域として有名で、貝の死亡率は五パーセントである。[15]

英虞湾再生プロジェクト

一方、日本では、オーストラリアとは反対に、国の支援や規制は早い段階で終了した。国立真珠研究所は一九七九年に閉鎖。真珠養殖事業法も一九九九年に廃止となった。国は業界支援を打ち切り、真珠行政や真珠の研究は県や市にゆだねられたのだった。

そうしたなか、英虞湾の環境悪化に危機感を募らせた若手の真珠養殖業者たちが立神真珠研究会を結成し、二〇〇〇年ごろから浚渫で出たヘドロを使って人工干潟を作る活動を始めた。英虞湾のヘドロは窒素やリンに富み、重金属やダイオキシンを含まないので、肥料としての利用が可能だった。地元から出たアイデアだった。[16] 二〇〇三年、この試みは一般市民や志摩市、三重県、大学を巻きこむ英虞湾再生プロジェクトに発展していった。

このプロジェクトでは、英虞湾という閉鎖性海域の環境改善の方法が検討され、人工干潟や藻場の役割なども調査された。干潟や藻場が復活すると、多様な生態系が生まれ、海の自然浄化能力が高まり、赤潮や貧酸素化を抑制する効果のあることが確かめられた。さらに、アコヤガイには海水を浄化する機能もあるが、真珠養殖業の海への負荷も多いことが確認され、貝肉や清掃カスなどを海中投棄しないよう提言された。

プロジェクトは二〇〇七年に終了したが、この試みは干潟や藻場の重要性を人々に認識させることになり、志摩市や三重県はいまもその再生事業に取り組んでいる。ただ、浚渫土による人工干潟の造成は費用がかかるため、沿岸部の休耕地を干潟に戻す試みが優先されている。真珠養殖業者も貝肉などの海中投棄を改めつつある。

一方、真珠業界の人たちは二〇〇三年に「ひと粒の真珠」というNPO法人を作り、アコヤガイの餌となる植物プランクトンを海にもたらす森を作る活動を行うようになった。英虞湾をはじめ、宇和海や対馬などの沿岸部で植樹を実施。海の環境改善への取り組みを進めつつある。

筆者は英虞湾のアコヤ真珠にこだわっている加工・卸業の人と話をし、その真珠を見せてもらったことがある。彼は五〇〇個に一個の割合で採れる透明感のある美しい真珠を少しずつ集め、ついに販売にこぎつけたということだった。その真珠は色調整をする必要がない素晴らしいもので、白地に置くと緑がかった色彩が浮かび、黒地に置くと華やかな赤色が浮かび上がる。江戸時代の人々は志摩（英虞湾）の真珠を絶賛してきたが、真珠に浮かぶ青や緑こそがこの海の真珠の神髄かもしれなかった。英虞湾は海の老化の問題をかかえているが、いまでも美しい真珠を生み出している。

宇和海で真珠を得た喜び

筆者は愛媛の宇和島《うわじま》のある養殖場でアコヤガイから真珠を取り出したことがある。垂下養殖しているネットの中のアコヤガイから、まずひとつを選んだ。必ずしもいい真珠が出るとは限らないと聞いていたので、貝を選ぶ段階ですでに緊張感がある。

その貝を養殖場の人がふたつに開けてくれた。すると、貝のぬるぬるした身の中で、一ヵ所、光を集めたように強く輝くところがあった。それは驚くほど神々しい輝きで、その輝きが真珠だった。筆者は、そのとき、人類が何千年にわたって繰り返してきた真珠を発見したときの感動と畏敬《いけい》の念を一気に理解できたように思った。

真珠は養殖場の努力の賜物であるが、自分で取り出した真珠はまさにマイ・パールで、海から得た嬉しい宝物である。昨今、一般の消費者が真珠のバラ珠を入手するのは難しいが、一粒の真珠を手に取り、ためつすがめつ眺めるのも、なかなか味わい深いのである。

筆者の真珠はそのまま持ち帰ったため、無漂白、無着色のナチュラル・カラーの真珠である。それがえも言われぬほど美しい。銀色にうっすら金色がかったような感じがあり、自然光で見ると、真珠の周縁には黄緑色がある。ひとつの真珠にもほんとうに豊饒《ほうじょう》な色彩が浮かんでいる。真珠に見える黄緑色は愛媛のミカンの色のようで、筆者にはことのほかいとおしい。戦前、ロンドン市場では日本の養殖真珠は黄緑系が多いといわれていた。筆者の真珠は、ヨーロッパに衝撃を与えた初期養殖真珠の色かもしれない。

品質のいいアコヤ真珠は見ている人の上半身を映すといわれるが、筆者の真珠もその小さい表面のなかに見ている人の上半身や周りの風景を映し出す。その反射力の強さに驚くが、それが真珠を一層神秘的で不思議な珠にしている。宇和海は新型感染症で大変だった時期もあるが、いまも素晴らしい真珠が生まれている。

消費者は真珠の産地情報が欲しい

同じアコヤ真珠でも、色の違いもあれば、地域による違いもある。江戸時代の『本草綱目《ほんぞうこうもく》啓蒙《けいもう》』によると、(17)当時は銀色で光沢があり、微青色を帯びた真珠が最上とされていた。大村や土佐では金色や黄色の真珠が採れ、志摩には微紅色を帯びた真珠があるとも語っている。

真珠の成分の四パーセントはタンパク質なので、そうした有機物に貝の個性や育った海の環境などが映し出される。真珠の産地に訪れる春夏秋冬や沿岸部の森や林の状態も真珠の美しさと無縁ではない。真珠はその土地、その海域を代表する宝物といえるだろう。

それにもかかわらず、一流の真珠専門店や百貨店では真珠の産地は不問にされることが多い。自分たちが選んだ真珠でネックレスを作り、それを消費者に提供するというのが販売業者のスタンスだからである。たしかに一昔前はそれが普通だったし、そもそも宝石史には産地偽装の話がちりばめられているので、産地を出せない事情もある。消費者は、産地などにはこだわらず、自分たちが選んだ最高級の真珠を高値で買えばいいのである。

産地不問の傾向はシロチョウ真珠やクロチョウ真珠でも顕著である。百貨店などでは南洋白蝶真珠、南洋黒蝶真珠として売られており、産地はあまり出てこない。タヒチ、オーストラリア、フィリピン、インドネシア、ミャンマーなどの真珠は世界の注目を集めているが、日本ではそうした話すら十分知らされていないのが現状だといえるだろう。

しかし、環境に関心のある我々現代人にとって、どこでどんな真珠が作られているのかを知ることはなかなか興味深いことだと思うのである。産地と切り離された真珠は、ネックレスの素材のひとつになってしまう。二十一世紀の現在、真珠と産地を組み合わせたエコロジカルな楽しみ方があってもいいのではないだろうか。

日本各地の真珠の産地

現在、日本では海産と淡水産をあわせ、一四県で真珠が養殖されている。愛媛、長崎、三重が御三家で、熊本が不動の四位。対馬や壱岐《いき》の島々も高品質のアコヤ真珠の生産地である。鹿児島の奄美大島にはシロチョウガイの金色真珠（カラー図版10）やマベガイの虹色半円真珠を生産する会社がある。沖縄にはクロチョウ真珠の世界初の商業化に成功した琉球真珠がいまも健在である。琵琶湖にはビワパールの生産者がおり、霞ヶ浦《かすみがうら》にはイケチョウガイなどからピンクや紫の有核淡水真珠を作っている生産者がいる。愛媛の宇和島では真珠のブランド化を進めているが、まだそれほど主流になっていない。日本で作られるさまざまな真珠を見たり、買ったりできる場所や機会をもっと作ってほしいものである。

二〇〇一年には福岡県の職員が玄界灘《げんかいなだ》の相島《あいのしま》で天然アコヤガイを発見した。これまでアコヤガイは波の静かな内海にしかいないと思われていたが、外洋にも生息していたのだった。しかも貝は大ぶりで健全だった。福岡県はアコヤ真珠を県の特産品にしたいと考え、ミキモトに打診した。ミキモトはこの海域で養殖業を開始し、いまでは相島産の大粒養殖真珠が販売されている。

福岡は、古来、一生を船で過ごす家船《えふね》の民や海人の拠点として名高かったが、天然真珠時代、福岡の真珠の話は聞こえてこなかった。しかし、相島の外海にアコヤガイがいることを思えば、家船や海人が活躍した時代にもアコヤガイが生息し、彼らが真珠を集めていたかもしれなかった。

歴史を振り返れば、三世紀の邪馬台国の時代にも、敗戦で焦土となった戦後にも、日本が国際舞台に登場するときにはいつもアコヤ真珠があった。真珠は最古で最強のジャパンブランドだった。アコヤガイは日本にとっての恩人である。そのアコヤガイが、昨今、海の環境悪化で大量に斃死したりすることは、やはり悲しいことだろう。愛媛県では関係者の努力によってアコヤ真珠の生産量は増加に転じているが、全国的には生産量は減少しつづけている。すでに二〇トンを割りこみ、二〇一二年度は一七トンになった[18]。

これからもアコヤ真珠が日本人とともにあるために私たちは何ができるだろう。

筆者は、日本人が真珠と産地に関心をもつことが最初の一歩ではないかと思っている。日本は長い間真珠王国だったが、いったいどれくらいの日本人が貝から真珠を取り出したり、その真珠の神秘的な美しさや神々しい輝きに感動したことがあるだろうか。真珠と産地が一体ならば、私たちはきっと海の環境にも目を向ける。

豊饒な海があり、美しい真珠があること。それが日本の原風景なのだから。

あとがき

本書『真珠の世界史』は、前著『黄金郷伝説《エルドラド》』を書いたときからあたためていたテーマだった。『黄金郷伝説』は、南米のテーブルマウンテンをめぐる「探険帝国主義」がテーマであるが、私はそのなかでコロンブスによる南米の真珠の発見とその後の真珠の狂騒についても議論した。そのさい、南米の真珠の歴史的意義は、オリエントに代わる真珠の産地の発見ではないかと思うようになった。

というのは、ヨーロッパ人が長年にわたって憧れていたのは、アラビアとインドの真珠だったからである。彼らはその真珠を得るために多大な努力を払っていた。しかし、大航海時代になると、南米の真珠の発見でヨーロッパには真珠ブームが到来。一方、南米の真珠の産地は略奪と殺戮の舞台となった。こうした真珠の狂騒は、当時、真珠がいかに貴重視されていたかを示している。それにもかかわらず、多くの歴史研究者は真珠がオリエントや新大陸の重要な交易品であったことをいまでも十分認識していない。

したがって、私はオリエントの真珠の重要性を議論したうえで、オリエントの真珠から南米の真珠へと変わる歴史のダイナミズムを述べる本を書きたいと思うようになった。さらに、ヨーロッパで真珠がこれほど珍重されていたのならば、御木本幸吉が始めた日本の養殖真珠の意義は西洋二千年の真珠の価値を瓦解させたことではないかと考えるようになった。西洋の真珠史に日本の養殖真珠の台頭と真珠王国日本の誕生の話を加えれば、これは読み物として面白くなるのではないだろうか。

こうして執筆作業に乗り出したが、西洋よりも日本の真珠史の難しさに直面することになった。一般向けの真珠の書物にはいくつかの好著があるが、体系だった書物は一九六五年の松井佳一氏の『真珠の事典』以来絶えてなく、検証されていない事実、語られていない事実が山のように存在した。

私が最初にぶつかった問題は、アコヤガイは古代日本にいなかったのではないかという疑問だった。日本は戦後、真珠王国になったが、意外なことに縄文時代の貝塚や遺跡からアコヤガイはほとんど出土しないのである。アコヤガイが出たか、出ないかという問題は、実は邪馬台国の真珠の考察に影響を及ぼす重要性をもっている。したがって、本書はアコヤガイの生息状況から邪馬台国の位置を推論する新しい発想の書物となった。

次に気づいた問題は、日本の養殖真珠史は、黎明期、最盛期、凋落期にいたる百年以上の歴史がありながら、その歴史は団体の変遷史として書かれており、世界のなかでの真珠産業史という形で検証されていないことだった。日本を真珠王国にした真円真珠の本当の発明者がきちんと顕彰されていないのも問題だった。御木本幸吉は真珠の事業で成功した人で、真円真珠の発明者ではない。見瀬辰平という人こそが真円真珠の発明者であるのだが、この問題はさまざまな理由から曖昧にされてきたところがあった。

したがって、私はこういう問題こそ、第三者が客観的に書く必要があると思ったのだった。本書は歴史を公正に見ることを心掛ける歴史研究者によるものであり、真珠を愛する消費者側の人間によるものである。

私が採った手法は一次資料の重視だった。文字どおり古今東西の書物にあたったが、十九世紀以降は欧米や日本の新聞や雑誌、イギリス公文書なども貴重な情報源となった。日本の養殖真珠に関しては特許の明細書や志摩市歴史民俗資料館が所蔵する見瀬辰平関連文書なども大変役立つ資料だった。真珠の生産量や輸出量、輸出額などは、本書では農林水産省の生産統計や財務省の貿易統計などから直接集めた数字を使っている。

本書で採ったもうひとつの手法は、各県の埋蔵文化財センターや教育庁、各市の教育委員会、国や県、市の博物館、歴史館、資料館、それに三重県や志摩市、愛媛県などへの問い合わせである。『真珠の世界史』は多くの方々のご協力、ご縁の中で生まれた本である。

瑞浪《みずなみ》市化石博物館の柄澤宏明氏、若狭三方縄文博物館、和歌山県文化財センターの山本高照氏（当時）、三重県埋蔵文化財センター、愛媛県歴史文化博物館の亀井英希氏、高知県立歴史民俗資料館の岡本桂典氏、佐賀県教育庁の徳永貞紹氏（当時）と細川金也氏、長崎県埋蔵文化財センターの川道寛氏と白石渓冴氏、熊本県教育庁の広田静学氏、水俣市教育委員会の正岡祐子氏、鹿児島県立埋蔵文化財センターの東和幸氏、鹿児島市立ふるさと考古歴史館館長柿元峰信氏と中村友昭氏、垂水《たるみず》市教育委員会の羽生文彦氏、出水《いずみ》市教育委員会の岩崎新輔氏には、太古の貴重な真珠を見せていただいたり、貝塚やアコヤガイについて重要な情報を教えていただいたり、さまざまなご支援を賜った。私の電話やメールでの問い合わせに対応してくださった方も大勢存在する。ご協力くださったすべての方に深くお礼を申し上げる。

ミキモト真珠島・真珠博物館館長松月清郎氏、志摩市歴史民俗資料館館長崎川由美子氏と松井基子氏（当時）、立教大学名誉教授小西正捷氏、九州国立博物館の赤司善彦氏、早稲田大学研究院教授深見奈緒子氏、独立行政法人水産総合研究センター・増養殖研究所の正岡哲治氏、三重県水産研究所の青木秀夫氏と藤原正嗣氏、愛媛県農林水産研究所・水産研究センター、早稲田大学大学院川口卓也氏、土居真珠社長土居一徳氏、三美真珠社長田中政門氏、志摩市里海推進室からは本書の個々のテーマについて貴重なご教示やご助言をいただいた。奄美サウスシー＆マベパールの杉野秀樹氏、タヒチパールプロモーション、福井県立若狭歴史民俗資料館、奈良県立橿原考古学研究所および附属博物館、財務省貿易統計閲覧室、特許庁工業所有権情報・研修館、長崎県大村市立史料館、横浜市港北図書館、文化学園大学図書館、東京海洋大学附属図書館、数多くの公立図書館や大学図書館には文献の貸与や閲覧、写真掲載の件でご協力をいただいた。お世話になったすべての方や機関に感謝の意を表したい。

「中公新書刊行のことば」には「現代にあらたな意味を投げかけるべく待機している過去の歴史的事実もまた、中公新書によって数多く発掘されるであろう」と書かれている。膨大な文献の渉猟のなかで、忘れられている事実に次々気づいていた私にとって、この言葉は同志を得た思いだった。中公新書に書く機会を与えてくださった酒井孝博氏をはじめとする中央公論新社の方々に心よりお礼を申し上げる。

今回の執筆は三年間という長丁場になったが、その間、私を応援してくれた夫山田泰司と家族にも感謝を捧げたい。

真珠は南の海の底にある宝石だった。命を賭けて潜らないと得られないため、古来、もっとも貴重な交易品となっていた。『真珠の世界史』は真珠の産地を支配し、富を得ようとしたヨーロッパ人の野望の物語であり、養殖真珠を完成させ、真珠を外貨の稼ぎ手にした日本人の努力と執念の物語である。本書で真珠をめぐる人類の壮大な格闘の歴史を味わっていただければ、著者として格別の喜びである。

本書を読んでくださったすべての方に感謝いたします。

二〇一三年八月

山田篤美

(10) Southgate et al., 2008
(11) Bondad-Reantaso, 2007
(12)『日本経済新聞』2000年12月13日；『朝日新聞』2003年11月28日；『朝日新聞』2005年1月15日；三重県水産研究所、愛媛県農林水産研究所・水産研究センターへの聞き取り
(13) 小田原他，2011
(14) スロ，2011（第10章文献）
(15) Bondad-Reantaso, 2007; Southgate et al., 2008
(16)『朝日新聞』2006年3月26日；志摩市里海推進室への聞き取り
(17)『本草綱目啓蒙』（第七章文献）
(18)『愛媛新聞』2013年5月22日

(13) この広告は『朝日新聞』(1969年6月4日)に掲載された。
(14)『朝日新聞』1970年8月9日
(15)『愛媛新聞社 ONLINE』2011年2月2日

第十章　真珠のグローバル時代

(1) Loring, 2006
(2) 栗林(朔光), 1985
(3)『日本経済新聞』1961年12月14日
(4) 水産庁漁政部, 1966(第九章文献)
(5) 横溝, 1982;1998
(6) 横溝, 1982
(7) 横溝, 1998
(8) Doubilet, 1997
(9) Landman et al., 2001
(10) Doubilet, 1991
(11) Bari et al., 2009
(12) Ward, 1985
(13) 長崎県真珠養殖漁業協同組合編, 2001
(14) 同上
(15) Ward, 1985
(16) 日本貿易振興会海外経済情報センター, 1994
(17)『朝日新聞』2001年10月27日
(18)『日本貿易月表』(1990年12月)による。
(19)『日本貿易月表』(同)による。
(20)『日本経済新聞』1997年9月22日夕刊
(21)『日本貿易月表』(2000年12月)
(22) Southgate et al., 2008

第十一章　真珠のエコロジー

(1) 白井, 1967
(2)『日本経済新聞』1966年9月15日
(3)『読売新聞』1967年8月12日
(4) 御木本真珠島他編, 1994(第七章文献);田崎, 2003(第九章文献)
(5) Ward, 1985(第十章文献)
(6)『日本経済新聞』1985年8月1日
(7) 三重県農水商工部水産資源室ホームページ(2011年12月13日確認)
(8)『中国新聞』「新せとうち学」ホームページ1998年2月23日
(9)『朝日新聞』1996年11月10日

第八章　養殖真珠への欧米の反発

(1) 御木本，1934（第七章文献）
(2) 加藤，1915
(3) *The Star* 4 May 1921
(4) *The Times* 6 May 1921
(5) *The Times* 7 May 1921
(6) *The Illustrated London News* 14 May 1921
(7) *The Punch* 18 May 1921
(8) 乙竹，1960（第七章文献）
(9)「御木本氏真珠に就て」，1922；乙竹，1960
(10) *The Times* 6 May 1921
(11) *The New York Times* 26 November 1921
(12)「御木本氏真珠に就て」，1922
(13) *The New York Times* 27 November 1921
(14) Loring, 2006
(15) Dickinson, 1968; ジョイス他，1993
(16) ベルグレイヴ，2006
(17) Cahn, 1949
(18)『読売新聞』1954年10月26日
(19) 御木本，1934（第七章文献）
(20)「養殖真珠市価変動比較表」（『真珠産業史』に掲載）
(21) 今村，1966（第九章文献）
(22) ナーデルホッファー，1988
(23) Dickinson, 1968

第九章　世界を制覇した日本の真珠

(1) 御木本真珠島他編，1994（第七章文献）
(2)『東京新聞』1949年４月３日
(3) 今村，1966
(4)『読売新聞』1954年９月22日
(5) ルー，1990（第八章文献）
(6) モラン，1977（第八章文献）
(7)『読売新聞』1961年１月１日
(8)『読売新聞』1967年８月11日
(9)『朝日新聞』1967年10月５日
(10)『サンケイ新聞』1974年９月13日
(11)『日本経済新聞』1974年５月18日
(12)『読売新聞』1968年12月11日

(15) 同上
(16) 特許第12598号
(17) 佐藤，1987〜88
(18) この特許内容の一部は、牴触査定書（明治41年２月20日付）から判明する。
(19) 牴触査定書（明治41年２月20日付）；不服理由書（明治41年４月10日付）；再審査牴触査定書（明治41年６月23日付）
(20) 継続申請された特許は特許第29630号として1916年に認可されるが、出願日は1907年５月となっているので、見瀬の特許がかかわっていることがわかる。
(21) 佐藤，1987〜88；磯部町史編纂委員会，1997
(22) 特許第31270号
(23) 特許第37746号
(24) 後に認可された特許の文言から明らかである。
(25) 特許第29630号（見瀬の特許と西川の特許が一本化された特許）、特許第29628号、特許第29629号、特許第30771号（1917年認可）。特許第30771号は藤田昌世が内容を改良した特許である（御木本真珠島他，1994）。
(26) 飯島，1914
(27) 佐藤，1987〜88
(28) Cahn, 1949
(29) 磯和，1956；松井，1965；城，1969〜70；大林，1971；佐藤，1987〜88；磯部町史編纂委員会，1997
(30) 西川藤吉の孫の久留が書いた『真珠の発明者は誰か？』は西川擁護の急先鋒であるが、西川が1907年ごろにいびつな淡水真珠しか作れていなかったことには言及していない。
(31) 川村，1927
(32) 藤田，1957
(33) 特許第29409号
(34) Cahn, 1949
(35) 白井による藤田への聞き取り（白井，1967）
(36) 予土水産の真珠の入札日や販売額については混乱があるので注意が必要である。
(37) 藤田の対照実験は特許第30771号にその結果が反映されている。
(38) 久留，1987
(39)「養殖真珠市価変動比較表」（『真珠産業史』に掲載）；Rosenthal, 1952
(40) 白井，1967

(14) 南洋庁, 1937
(15)『毎日新聞』1954年6月2日
(16) 栗林(忠男), 2001

第六章 二十世紀はじめの真珠バブル

(1) バルフォア, 1990
(2) ナーデルホッファー, 1988
(3) Rosenthal, 1952
(4) ナーデルホッファー, 1988
(5) Loring, 2008
(6) Rosenthal, 1920
(7) Kunz et al., 1908
(8) Loring, 2006
(9) *The New York Times* 12 February 1911
(10) *The New York Times* 16 July 1911
(11) *The New York Times* 10 March 1912
(12) *The New York Times* 11 September 1912
(13) Loring, 2006
(14) ナーデルホッファー, 1988
(15) Bury, 1991
(16) *The Pearl Hunter* (1952) では50匹のロバになっている。
(17) ローゼンタールが自分で述べている(Rosenthal, 1952)。

第七章 日本の真珠養殖の始まり

(1) 大島, 1972
(2)『和漢三才図会』や『本草綱目啓蒙』が薬用真珠について述べている。
(3) 佐々木, 1893
(4) 乙竹, 1960
(5) 御木本, 1934
(6) 特許第2670号
(7)『朝日新聞』1899年3月14日
(8) 久米, 1953
(9) 久米, 1921
(10) 佐藤(忠勇), 1920
(11) 大西杜象編著『立神漁業組合真珠介区画漁業権獲得史』(大林, 1971)
(12) 大林, 1971
(13) 川村, 1927
(14) 見瀬の手記(城による編集, 1969〜70年に出版)

(6) バルボア, 1965
(7) 16世紀はじめ、インドのカナノールに滞在したドゥアルテ・バルボザやトメ・ピレスの記述による（ピレス, 1966）。
(8) 16世紀のスペイン宮廷史家バロスの言葉。
(9) ザビエル, 1994; Arunachalam, 1952; Chitty, 1837
(10) 1544年11月10日の書簡；1544年3月14日の書簡；1544年3月27日の書簡
(11) 1545年4月7日の書簡
(12) ザビエル, 1994
(13) イブン・バットゥータ, 1996〜2002；家島, 1993（どちらも第三章文献）
(14) Ashford, 1988
(15) Tavernier, 1976
(16) リンスホーテン, 1968. 昭和の研究者は「アルジョーファル」を「真珠母」と訳していることが多いが、アラビア湾アコヤ真珠と考えるべきである。
(17) 原文では1ドゥカード（375マラベディ）。
(18) Kunz et al., 1908
(19) ダイヤモンド史では名高い話である（バルフォア, 1990）。

第五章　イギリスが支配した真珠の産地

(1) 山田, 2010
(2) Herdman, 1903-06
(3) Percival, 1803; Cordiner, 1807; Forbes, 1840; Streeter, 1886; Herdman, 1903-06; Kunz et al., 1908; Smith, 1912; Woolf, 1926
(4) Wilson, 1833; Durand, 1877; Streeter, 1886; Kunz et al., 1908; Monfreid, 1937; Williams, 1946; Bowen, 1951; ベルグレイヴ, 2006（初版は1960年）（第八章文献）；小西, 1978（第三章文献）；池ノ上, 1987（第三章文献）；保坂, 2008, 2010
(5) Durand, 1877
(6) 同上
(7) Streeter, 1886
(8) Durand, 1877
(9) 小川, 1976
(10)『読売新聞』1952年1月29日
(11)『日本経済新聞』1979年8月22日
(12) 南洋庁, 1937；『日本経済新聞』1952年10月29日
(13)『毎日新聞』1954年6月2日

(9)『冊府元亀』巻971
(10) 第五章を参照のこと。
(11)『広辞苑』(岩波書店, 1998);『新漢和辞典』(大修館書店, 1975)
(12) Rosenthal, 1920
(13) 森, 1983
(14) 奈良県立橿原考古学研究所編, 1981
(15) 和田, 1992;松月, 2002
(16) 東大寺と興福寺への聞き取り
(17) 三重県埋蔵文化財センターへの聞き取り
(18)『冊府元亀』巻972;九州国立博物館は遣唐使の朝貢品として真珠を展示している。
(19) 浜本, 2004;露木, 2008;杉山他, 1990
(20) 松井, 1965

第三章　真珠は最高の宝石だった

(1) 岡田・小林, 2008
(2) Donkin, 1998
(3) ラース・アル・カラト神殿址 (Donkin, 1998)
(4) ビビー, 1975
(5) Dickinson, 1968
(6) 杉山他, 1990
(7) ヘロドトスの『歴史』は真珠について述べていない (Donkin, 1998)。
(8) アンドロステネスの記述はアテナイオスの『食卓の賢人たち』で引用されている。
(9) メガステネスの記述はアッリアノスの『インド誌』で引用されている。
(10) 杉田, 2002
(11) ナースィレ・フスラウ, 2003〜05
(12) イブン・ジュバイル, 2009
(13) アブー・ザイド・アルハサン, 2007
(14) ブズルク・イブン・シャフリヤール, 1978

第四章　大航海時代の真珠狂騒曲

(1) 1502年9〜12月ごろの私的書簡 (篠原, 2009)。ヴェスプッチの「四回の航海」では150個の真珠になっている。
(2) ラス・カサス, 1981〜92
(3) 1500年7月18日の私的書簡 (篠原, 2007)。「四回の航海」では222人。
(4) 原文のイタリア語では1000ドゥカート (37万5000マラベディ)。
(5) 原文では20クエント (2000万マラベディ)。

注

（本文から書名や出典がわかるものは省略している。
各章の欄で出てこない文献は基本文献である）

第一章　天然真珠の世界

(1) オマーン北部のラース・アル・ハムラ遺跡（Donkin, 1998）（第三章文献）
(2) 西川，1907
(3) 松井，1965
(4) 池ノ上，1987（第三章文献）
(5) 白井はすでに1960年代にアコヤガイが普遍的な貝であることを主張していた（白井，1967）。
(6) 正岡他，2007
(7) 正岡他，2007；奥谷他，2010
(8) 大浜，1976（第十章文献）
(9) リンスホーテン，1968（第四章文献）；Al-Beruni, 1989（第三章文献）
(10) この真珠化石を所蔵する瑞浪市化石博物館は年代を1700万年前から1850万年前に変更している。
(11) 第二章を参照のこと。
(12) 石原編，1985（第二章文献）

第二章　古代日本の真珠ミステリー

(1) 縄文時代のアコヤ真珠以外の真珠としては、鳥浜パールのほかイシガイ科の淡水真珠（滋賀県粟津湖底遺跡）、カワシンジュガイの淡水真珠（岩手県岩谷洞穴）、イガイの真珠（北海道茶津貝塚）なども発見されている。『真珠の事典』が述べる宿毛貝塚の真珠は表層採取の真珠のうえ、今日、行方不明である。
(2) Masuda, 1976；甲元編，1998～2000；松井，1965
(3) 長崎県：鷹島海底遺跡、堂崎遺跡、中島遺跡；鹿児島県：日木山洞穴、江内貝塚、草野貝塚、武貝塚、市来貝塚、柊原貝塚、黒川洞穴；熊本県：南福寺貝塚；愛媛県：伊予平城貝塚
(4) 鹿児島市立ふるさと考古歴史館の調査による。
(5) 黒住，2005
(6) 小西もこの貝塚の真珠採取に言及している（小西，1978）（第三章文献）。
(7) 第四章を参照のこと。
(8) 藤堂訳注，2010

「真珠の海に迫る汚染――高まる貝死亡率」『朝日新聞』1990年12月19日
三重県農水商工部水産資源室「近年の真珠養殖業を取り巻く状況」(2011年12月13日確認)(三重県ホームページ)
「ミクロの交代劇――海の変容――難敵招く」『中国新聞「新せとうち学」ホームページ』1998年2月23日
松山幸彦「新型赤潮生物ヘテロカプサの発生機構解明と漁業被害防止技術の開発」(2006年)(PDF)
「『真珠の海』墓場と化す――母貝のアコヤガイ大量死――愛媛・宇和海」『朝日新聞』1996年11月10日
「養殖真珠ピンチ――母貝大量死、被害百億円――愛媛・宇和海」『朝日新聞』1996年11月24日
反町稔「アコヤガイの大量斃死」『海洋と生物』126号(2000年)
宮内徹夫「真珠養殖のアコヤガイの大量死」『環境共生』6号(2001年7月)
「真珠に逆風、大量死、養殖を直撃」『朝日新聞(名古屋)』2001年10月27日
「産地の意地――真珠貝『輝け』――大量死相次ぎ『強い貝』を」『日本経済新聞』2000年12月13日
「真珠、上々――一級品の出現率4割、感染症対策が効果」『朝日新聞(三重)』2003年11月28日
「『浜島1号』の真珠生存率6割以上に――県の試験栽培結果」『朝日新聞(三重)』2005年1月15日
河野茂樹「アコヤ真珠について――真珠養殖と宇和島市の取り組み」『ECPR(Ehime Center for Policy Research)』26号(2010年)
森実庸男「愛媛県における真珠養殖の経緯とその現状」『JFSTA NEWS』17号(2012年)
小田原和史他「天然アコヤガイを用いたアコヤガイ赤変病の病勢調査」『魚病研究』46巻4号(2011年12月)
「英虞湾の再生――救え、真珠の海」『朝日新聞』2006年3月26日
山形陽一他「閉鎖性海域の環境創生プロジェクト研究(抄録)」(2007年)(PDF)
三重県産業支援センター他『英虞湾――新しい里うみへ』(2007年)(PDF)
千葉賢他「特集:英虞湾――新たな里海創生」『海洋と生物』176号(2008年6月)
「県産真珠7年連続1位」『愛媛新聞』2013年5月22日
三重県水産研究所、ミキモト真珠島、ミキモト、TASAKI、三美真珠、土居真珠、奄美サウスシー&マベパール、琉球真珠、田村真珠、D & M Pearl Company、明恒パール、岩城真珠、長崎真珠、北村真珠、NPO法人ひと粒の真珠などのホームページ

——『タヒチの輝き』横溝真珠　1998年（同上）
「サンゴの海で育つ黒真珠——世界最大の産地・南太平洋の仏領ポリネシア」『朝日新聞』1991年8月30日
Doubilet, David. "Black Pearls of French Polynesia." *National Geographic* 191（June 1997）
——"Australia's Magnificent Pearls." *National Geographic* 180（December 1991）
床呂郁哉「真珠の資源人類学——アコヤ真珠と白蝶真珠の養殖を中心に」『躍動する小生産物』（小川了責任編集）弘文堂　2007年
平塚忠征「中国の淡水真珠」『世界の真珠』（第九章で既出）
山中茉莉『淡水真珠』八坂書房　2003年
「真珠王国危うし——中国産の輸入急増」『日本経済新聞』1981年7月6日
「真珠輸出大国・日本ピンチ」『日本経済新聞（夕刊）』1997年5月17日
「真珠輸入増え、国産は低迷」『日本経済新聞（夕刊）』1997年9月22日
「真珠輸入、ブームに乗り急増」『日本経済新聞（夕刊）』2000年11月30日
「真珠新世紀（第5部）世界の動向」『愛媛新聞社 ONLINE』2011年5月26日～6月1日
Robert Wan、Paspaley、Jewelmer、タヒチパールプロモーションなどのホームページ

第十一章　真珠のエコロジー

Southgate, Paul C., and John S. Lucas. *The Pearl Oyster*（基本文献で既出）.
Bondad-Reantaso, Melba G., et al. *Pearl Oyster Health Management*. Rome: Food and Agriculture Organization of the United Nations, 2007.
「真珠新世紀（第1～7部）」『愛媛新聞社 ONLINE』2011年1月1日～6月19日
「産地再創（第4部）真珠養殖のこれから」『愛媛新聞社 ONLINE』2005年4月1日～11日
「荒波寄せる真珠養殖——密殖さけ西へ移動」『日本経済新聞』1966年9月15日
「真珠の大敵——老化した潮」『読売新聞』1967年8月12日
「花形の座を降りた真珠——粗悪品乱造の報い——業界の体質、立て直す時期」『朝日新聞』1968年7月23日
「真珠王国英虞湾"復活"の日は——海汚れ、漁場老化」『毎日新聞』1979年8月7日
Ward, Fred. "The Pearl." *National Geographic*（第十章で既出）.
「日本の養殖真珠は不良品——米紙が特集記事」『日本経済新聞』1985年8月1日

Vogue（Mars 1967）;（Mars 1974）
田崎俊作『ゴーイング・マイ・ウェイ——真珠と共に歩んだ74年』財界研究所　2003年
「三重の真珠——あまりに多い零細企業——生産王国から転落」『サンケイ新聞』1974年９月13日
「真珠——輸出価格は急上昇」『日本経済新聞』1974年５月18日
「本真珠に“大衆化”の波」『読売新聞（夕刊）』1968年12月11日
「真珠異変 取れ過ぎなのに値は上がる一方——業界カルテル結び海中廃棄」『朝日新聞』1970年８月９日
「愛媛——“真珠県”めざし学校でも実習」『読売新聞（夕刊）』1960年２月14日
中国四国農政局愛媛統計情報事務所編『えひめ発真珠ものがたり』愛媛農林統計協会　2003年
佐野隆三「真珠養殖」『愛媛県百科大事典』愛媛新聞社　1985年
真珠養殖全書編集委員会編『真珠養殖全書』全国真珠養殖漁業組合連合会　1965年
長崎県真珠養殖漁業協同組合編『長崎県真珠養殖漁業協同組合史（25周年記念；50周年記念）』長崎県真珠養殖漁業協同組合　1977年；2001年
浦城晋一『真珠の経済的研究』東京大学出版会　1970年
丹下孚『日本真珠産業論』真珠新聞社　1986年（東京海洋大学蔵）
——『変貌する真珠産業』真珠新聞社　1993年（東京海洋大学蔵）
『真珠年鑑2008年度版』真珠新聞社　2008年

第十章　真珠のグローバル時代

アンディー・ミュラー『Cultured Pearls』国際広告　1997年
Ward, Fred. “The Pearl.” *National Geographic* 168（August 1985）.
日本貿易振興会海外経済情報センター編『真珠の海外市場』日本貿易振興会神戸貿易情報センター　1994年
『パール・ジュエリー』（基本文献で既出）
西村盛親『美しき真珠戦争』成山堂書店　2001年
栗林朔光「南洋真珠」『世界の真珠』（第九章で既出）
「痛しかゆしの真珠養殖熱」『日本経済新聞（夕刊）』1961年12月14日
大浜英祐『黒真珠物語』（私家本）1976年（国会図書館蔵）
鹿児島県水産技術開発センター「くろちょうがい真珠養殖」『鹿児島県水産技術のあゆみ』（第九章で既出）
パトリック・スロ『タヒチアンブラックパールの歴史』（宮田美奈子訳）NBC Interactive　2011年（タヒチパールプロモーション蔵）
横溝節夫『タカポト島の黒い真珠』（私家本）1982年（国会図書館蔵）

鎌倉書房　1990年
ポール・モラン『獅子座の女シャネル』（秦早穂子訳）文化出版局　1977年
Ginsburg, Madeleine. *Paris Fashions: the Art Deco Style of the 1920s*. London: Bracken Books, 1989.
Lussier, Suzanne. *Art Deco Fashion*. London: Victoria & Albert Museum, 2009.
"Leonard Rosenthal Dies at 83." *The New York Times* 18 July 1955.

第九章　世界を制覇した日本の真珠

真珠新聞社編『真珠産業史』（基本文献で既出）
『真珠の歩み』日本真珠輸出組合　1964年
加藤鉄彦編『真珠ハンドブック』真珠新聞社　1964年
「輸出品のホープ真珠」『東京新聞』1949年４月３日
「ドルを稼ぐ国産品——真珠」『読売新聞』1954年10月16日
「真珠——アフリカにも宣伝隊——輸出百億円を合言葉に」『朝日新聞』1959年１月12日
今村むつ子（せつ子）「真珠づくり一筋に」『日本経済新聞』1966年５月３日
「真珠王の御木本翁死去」『読売新聞』1954年９月22日
ブリジット・キーナン『クリスチャン・ディオール』（金子桂子訳）文化出版局　1983年
カイ・ハックニー他『People & Pearls——真珠——その永遠の魅力』（実川元子訳）PHPエディターズ・グループ　2003年
三重県水産研究所「真珠に関する研究」『三重県水産研究の百年（創立百周年記念誌）』（2000年）（PDF）
鹿児島県水産技術開発センター「あこやがい真珠養殖」『鹿児島県水産技術のあゆみ』（PDF）
高嶋秀実「知られざる淡水真珠の全貌」『世界の真珠』新装飾　1985年
向後紀代美「淡水真珠産業の生産・流通構造」『お茶の水地理』29巻（1988年）
『水産増殖（真珠特集号）』３巻４号（1957年８月）
「新しい力１　真珠産業——飛躍する"輸出の王"」『読売新聞』1961年１月１日
水産庁漁政部漁業振興課『真珠産業の現況と将来への方向』（真珠白書）水産庁漁政部　1966年
「真珠異変——輸出さっぱり——恨みのベトナム戦・ミニスカート流行」『読売新聞』1967年８月11日
「ミニスカートがヒジ鉄砲——真珠の輸出ガタ落ち」『朝日新聞』1967年10月５日

磯和楠吉「真珠成因研究の史的概観」『国立真珠研究所報告』(1956年)
西川藤吉『真珠』西川新十郎　1914年(国会図書館蔵)
飯島魁「序」『真珠』(同上)
久留太郎『真珠の発明者は誰か？——西川藤吉と東大プロジェクト』勁草書房　1987年
藤田昌世「真珠養殖秘話」『水産増殖(真珠特集号)』(第九章参照)
宿毛明治100年史(人物篇)編集部編『宿毛人物史』宿毛明治100年祭施行協賛会　1968年(高知県立歴史民俗資料館蔵)
宿毛市史編纂委員会編『宿毛市史』宿毛市教育委員会　1977年(高知県立歴史民俗資料館蔵)
『神戸真珠物語』ジュンク堂書店　2009年
Boutan, Louis. *La Perle*. Paris: Octave Doin, 1925.

第八章　養殖真珠への欧米の反発

加藤保「真珠及び真珠貝の話(三)」『水産』(1915年4月号)
"Big London Pearl Swindle." *The Star* 4 May 1921.(ミキモト真珠島蔵)
"'Cultured' Pearls: Anxiety of Owner and Dealer." *The Times* 6 May 1921.
"'Cultured' Pearls: Confident Jewellers." *The Times* 7 May 1921.
"The Pearl 'Scare.'" *The Times* 9 May 1921.
"Culture Pearls: Comparative Sizes and Weights." *The Times* 10 May 1921.
"The Production of Japanese 'Culture' Pearls." *The Illustrated London News* 14 May 1921.
"A Redeeming Feature." *Punch* 18 May 1921.
「本邦養殖真珠に就て」『水産界』472号(1922年1月)
「御木本氏真珠に就て」『水産界』474号(1922年3月)
Jameson, H. Lyster. "The Japanese Artificially Induced Pearl." *Nature*(26 May 1921);(14 July 1921).
"'Cultivated' Pearl is Classed as Real." *The New York Times* 26 November 1921.
"Japanese Pearl Waxy, Says Cartier." *The New York Times* 27 November 1921.
"Suit Over Oriental Pearls." *The New York Times* 26 February 1922.
Boutan, Louis. "Pearls Born and Made." *Atlantic Monthly* 131, no. 5(May 1923).
F・S・フィッツジェラルド『The Great Gatsby』講談社　1994年
"Threats to the Industry: the Advent of Cultured and Artificial Pearls." *Records of the Persian Gulf Pearl Fisheries 1857-1962*(第五章で既出).
チャールズ・D・ベルグレイヴ『ペルシア湾の真珠——近代バーレーンの人と文化』(二海志摩訳)雄山閣　2006年
エドモンド・シャルル・ルー『シャネルの生涯とその時代』(秦早穂子訳)

第七章　日本の真珠養殖の始まり

エンゲルベルト・ケンペル『日本誌』（今井正訳）霞ヶ関出版　1973年
李時珍『国訳本草綱目（11）』（鈴木真海訳）春陽堂　1931年
寺島良安『和漢三才図会（７）』（島田勇雄他訳注）平凡社　1987年
『日本山海名産・名物図会』（千葉徳爾註解）社会思想社　1970年
小野蘭山『本草綱目啓蒙（３）』平凡社　1991年
佐竹茂「藩政時における真珠の保護政策とその後」『大村史談』９号（1974年）（大村市立史料館蔵）
志田一夫「大村湾の真珠」『大村史話（下）』（大村史談会編）大村史談会　1974年（大村市立史料館蔵）
高松数馬「真珠介ノ説」『大日本水産会報告』13号（1883年）
佐々木忠次郎「真珠介ノ説」『大日本水産会報告』24号（1884年）
——「真珠介調査報告」『水産調査報告（１）』（農商務省農務局編）　1893年
御木本幸吉「養殖真珠を造り上げるまで」（御木本隆三記）『中央公論』49巻２号（1934年２月）
乙竹岩造『伝記御木本幸吉』講談社　1960年
永井龍男『幸吉八方ころがし』（第一章で既出）
大林日出雄『御木本幸吉』吉川弘文館　1971年
御木本真珠島他編『御木本真珠発明100年史』ミキモト　1994年
Jordan, David Starr. "The Culture-Pearl Fishery of Japan." *The Scientific Monthly* 17, no. 4（October 1923）.
藤井信幸『世界に飛躍したブランド戦略』芙蓉書房出版　2009年
御木本幸吉「真珠介養殖の方法」『大日本水産会報』188号（1898年２月）
「養殖真珠献納」『朝日新聞』1899年３月14日
Saito, S（斎藤信吉）. *Japanese Culture Pearls*. 1904.
久米武夫『ダイヤモンドと真珠』大倉書店　1921年
——『通俗宝石学』丸善　1927年
佐藤忠勇「真珠の話」『水産界』448号（1920年８月）
川村多実二「日本の真珠」『改造』（1927年12月号）
見瀬辰平関連文書（牴触査定書、契約書など）（志摩市歴史民俗資料館蔵）
見瀬辰平「秘録・見瀬辰平の手記（１～４）」（城龍太郎編）『真珠往来』（1969年１月・1969年２月・1969年12月・1970年３月）（志摩市歴史民俗資料館蔵）
佐藤節夫「伯爵と呼ばれた男——真円真珠発明家見瀬辰平の生涯（１～９）」『水産界』1232～1240号（1987年９月～88年５月）（志摩市歴史民俗資料館蔵）
Cahn, A. R. *Pearl Culture in Japan*（基本文献で既出）.
磯部町史編纂委員会編『磯部町史（上）』磯部町　1997年

M・A・ベーン『真珠貝の誘惑』（足立良子訳）勁草書房　1987年
司馬遼太郎『木曜島の夜会　新装版』文藝春秋　1993年
南洋庁編『世界主要地に於ける真珠介漁業』南洋庁　1937年
片岡千賀之『南洋の日本人漁業』同文舘出版　1991年
「真珠貝採りの日本人ダイバー安らかに」『日本経済新聞』1979年8月22日
「日本人の真珠採取――豪州政府近く許可」『読売新聞』1952年1月29日
「復活するアラフラ海真珠貝採取」『日本経済新聞』1952年10月29日
「アラフラ海の真珠貝」『毎日新聞』1954年6月2日
栗林忠男「海洋法の発展と日本」『日本と国際法の100年（3）――海』三省堂　2001年

第六章　二十世紀はじめの真珠バブル

イアン・バルフォア『著名なダイヤモンドの歴史』（第四章で既出）
Streeter, Edwin W. *Precious Stones and Gems*. London: George Bell & Sons, 1884.
Loring, John. *Tiffany Pearls*. New York: Abrams, 2006.（文化学園大学蔵）
——*Tiffany Diamonds*. New York: Abrams, 2005.（同上）
——*Tiffany Style*. New York: Abrams, 2008.（同上）
ハンス・ナーデルホッファー『Cartier』（岩淵潤子訳）美術出版社　1988年
Rosenthal, Leonard. *The Kingdom of the Pearl*. London: Nisbet & Co., 1920.（ミキモト真珠島蔵）
——*The Pearl Hunter*. New York: Henry Schuman, 1952.（大阪女子大学附属図書館蔵）
——*The Pearl and I*. New York: Vantage Press, 1955.
Wodiska, Julius. *A Book of Precious Stones*. New York: G. P. Putnam's Sons, 1909.
"Costlier than Diamonds." *The New York Times* 12 February 1911.
"Pearls Fetch High Prices." *The New York Times* 16 July 1911.
"Corner in Pearls is Raising Prices, Values almost Doubled." *The New York Times* 10 March 1912.
"Demand for Pearls Larger than Supply." *The New York Times* 11 September 1912.
Bury, Shirley. *Jewellery 1789-1910*. Woodbridge: Antique Collectors' Club, 1991.（文化学園大学蔵）
山口遼『ジュエリイの話』新潮社　1987年
海野弘『ニューヨーク黄金時代――ベルエポックのハイ・ソサエティ』平凡社　2001年

第五章　イギリスが支配した真珠の産地

Streeter, E. W. *Pearls and Pearling Life*. London: George Bell & Sons, 1886.

Percival, Robert. *An Account of the Island of Ceylon*. London: C. and R. Baldwin, 1803.

Cordiner, James. *A Description of Ceylon*. London: Longman, 1807.

Forbes, Jonathan. *Eleven Years in Ceylon*. London: Bentley, 1840.

Herdman, W. A. *Report to the Government of Ceylon on the Pearl Oyster Fisheries of the Gulf of Manaar*. 4 vols. London: The Royal Society, 1903-06.

Smith, Hugh M. "The Pearl Fisheries of Ceylon." *The National Geographic Magazine* 23（February, 1912）.

Woolf, Bella Sidney. "Fishing for Pearls in the Indian Ocean." *The National Geographic Magazine* 49（February, 1926）.

Wilson, D. "Memorandum respecting the Pearl Fisheries in the Persian Gulf." *The Journal of the Royal Geographical Society of London* 3（1833）.

E. L. Durand, "Memorandum on the Pearl Fisheries of the Gulf." *The Persian Gulf Administration Reports, 1873-1947*. 3 vols. Gerrards Cross: Archive Editions, 1986.

Records of the Persian Gulf Pearl Fisheries 1857-1962. 4 vols. Ed. Anita L. P. Burdett. Gerrards Cross: Archive Editions, 1995.

The Persian Gulf Precis. Ed. Jerome A. Saldanha. Gerrards Cross: Archive Editions, 1986.

Monfreid, Henri de. "Pearl Fishing in the Red Sea." *The National Geographic Magazine* 72（November, 1937）.

Williams, Maynard Owen. "Bahrein: Port of Pearls and Petroleum." *The National Geographic Magazine* 89（February, 1946）.

Bowen, Richard LeBaron. "The Pearl Fisheries of the Persian Gulf." *Middle East Journal* 5（1951）.

保坂修司「真珠の海――石油以前のペルシア湾（１・２）」『イスラム科学研究』４号（2008年）：６号（2010年）

Soudavar, Abolala. *Art of the Persian Courts*. New York: Rizzoli, 1992.

イアン・バルフォア『著名なダイヤモンドの歴史』（第四章で既出）

Scarisbrick, Diana, et al. *Brilliant Europe: Jewels from European Courts*. Brussels: Mercatorfonds, 2007.

松本博之「アラフラ海の真珠貝に関する覚書」『地理学報』35号（2001年）

大島襄二編『トレス海峡の人々』古今書院　1983年

小川平『アラフラ海の真珠――聞書・紀南ダイバー百年史』あゆみ出版　1976年

『航海の記録』（同上）
生田滋『ヴァスコ・ダ・ガマ』原書房　1992年
トメ・ピレス『大航海時代叢書　東方諸国記』（生田滋他訳注）岩波書店　1966年
ジョアン・デ・バロス『大航海時代叢書　アジア史（1・2）』（生田滋他訳）岩波書店　1980〜81年
フランシスコ・ザビエル『聖フランシスコ・ザビエル全書簡（全4巻）』（河野純徳訳）平凡社　1994年
河野純徳『聖フランシスコ・ザビエル全生涯』（POD版）平凡社　2000年
Arunachalam, S. *The History of the Pearl Fishery of the Tamil Coast*. Annamalai Nagar: Annamalai University, 1952.
Chitty, Simon Casie. "Remarks on the Origin and History of the Parawas." *The Journal of the Royal Asiatic Society of Great Britain and Ireland 4*, no. 1 (1837).
『十六・七世紀イエズス会日本報告集（Ⅲ－Ⅰ）』（松田毅一監訳）同朋舎　1997年
リンスホーテン『大航海時代叢書　東方案内記』（岩生成一他訳注）岩波書店　1968年
Arnold, Janet. *Queen Elizabeth's Wardrobe Unlock'd*. Leeds: Maney, 1988.
Ashford, Jane. *Dress in the Ages of Elizabeth I*. New York: Holmes & Meier, 1988.
『英国肖像画展』図録　大丸ミュージアム東京他　1996年
Acosta, José de. *Historia Natural y Moral de las Indias*. México: Fondo de Cultura Económica, 1962.
カンタン・ビュヴェロ他「ヨハネス・フェルメール作《真珠の耳飾りの少女》」『マウリッツハイス美術館展』図録　東京都美術館および神戸市立博物館　2012〜13年
Tavernier, Jean-Baptiste. *Travels in India*. 2 vols. Ed. V. Ball. Lahore: Al-Biruni, 1976.
シャルダン『ペルシア見聞記』（岡田直次訳注）平凡社　1997年
Floor, Willem. "Pearl Fishing in the Persian Gulf in 1757." *Persica* 10 (1982).
イアン・バルフォア『著名なダイヤモンドの歴史』（山口遼訳・監修）徳間書店　1990年
山口遼『すぐわかるヨーロッパの宝飾芸術』東京美術　2005年
マーティン・カマー「18世紀ジュエリーの真実」『華麗な革命――ロココと新古典の衣裳展』図録　京都国立近代美術館　1989年
『家庭画報』特別編集『王妃マリー・アントワネット美の肖像』世界文化社　2011年

ブズルク・イブン・シャフリヤール編『インドの不思議』（藤本勝次他訳）関西大学出版広報部　1978年
藤本勝次他『海のシルクロード』大阪書籍　1982年
家島彦一『海が創る文明——インド洋海域世界の歴史』朝日新聞社　1993年
ナースィレ・フスラウ「旅行記」（森本一夫監訳・北海道大学ペルシア語史料研究会訳）『史朋』35〜38号（2003〜05年）
イブン・ジュバイル『イブン・ジュバイルの旅行記』（藤本勝次他訳）講談社　2009年
イブン・バットゥータ『大旅行記（全8巻）』（イブン・ジュザイイ編、家島彦一訳注）平凡社　1996〜2002年
マルコ・ポーロ『東方見聞録』（第二章で既出）

第四章　大航海時代の真珠狂騒曲

山田篤美「南米真珠狂騒曲」『黄金郷《エルドラド》伝説』中央公論新社　2008年
——「新世界の真珠の歴史的考察——オリエントに代わる真珠の産地の発見と都市形成のメカニズム」『第3回全球都市全史研究会報告書』（監修深見奈緒子）総合地球環境学研究所・メガ都市プロジェクト　2010年
コロンブス『完訳コロンブス航海誌』（青木康征編訳）平凡社　1993年
アメリゴ・ヴェスプッチ「四回の航海」『大航海時代叢書　航海の記録』岩波書店　1965年
篠原愛人「アメリゴ・ヴェスプッチの私信（その1〜その3）」『摂大人文科学』15〜17号（2007〜09年）
ラス・カサス『大航海時代叢書　インディアス史（全5巻）』（長南実他訳）岩波書店　1981〜92年
Fernández de Oviedo y Valdés, Gonzalo. *Historia General y Natural de las Indias*. 5 vols. Madrid: Ediciones Atlas, 1959.
Otte, Enrique. *Las Perlas del Caribe: Nueva Cádiz de Cubagua*. Caracas: Fundación John Boulton, 1977.
Cervigón, Fernando. *La Perla*. Pampatar: Fondo Editorial Fondene, 1997.
——*Las Perlas en la Historia de Venezuela*. Caracas: Fundación Museo del Mar, 1998.
ルース・パイク「16世紀におけるセビーリャ貴族と新世界貿易」（立石博高訳）『大航海の時代——スペインと新大陸』（関哲行他編）同文舘出版　1998年
バスコ・ヌニェス・デ・バルボア「国王への書簡」（野々山ミナコ訳）『航海の記録』（この章で既出）
著者不明「ドン・ヴァスコ・ダ・ガマのインド航海記」（野々山ミナコ訳）

Philosophical Society, 1998.
『ギルガメシュ叙事詩』(月本昭男訳) 岩波書店　1996年
岡田明子・小林登志子『シュメル神話の世界』中央公論新社　2008年
Potts, D. T. *The Arabian Gulf in Antiquity*. 2 vols. Oxford: Clarendon Press, 1990.
ジョフレー・ビビー『未知の古代文明ディルムン』(矢島文夫他訳) 平凡社　1975年
小西正捷「バハレーン考古学紀行——ディルムンからバハレーンへ」『Circum-Pacific』10号 (1978年)
Vine, Peter. *Pearls in Arabian Waters*. London: IMMEL Publishing, 1986.
辛島昇「東西文明の十字路・南インド」『NHK海のシルクロード第3巻　十字架の冒険者・インド胡椒海岸』(立松和平他) 日本放送出版協会　1988年
『エリュトゥラー海案内記』(村川堅太郎訳注) 中央公論社　1993年
カウティリヤ『実利論 (上・下)』(上村勝彦訳) 岩波書店　1984年
Kautiliya. *The Kautiliya Arthasastra*. Ed. R. P. Kangle. Bombay: University of Bombay, 1972.
定金計次『アジャンター壁画の研究　図版篇』中央公論美術出版　2009年
アテナイオス『食卓の賢人たち』(柳沼重剛訳) 岩波書店　1992年
アッリアノス『アレクサンドロス大王東征記：付インド誌 (上・下)』(大牟田章訳) 岩波書店　2001年
Theophrastus. *On Stones*. Eds. and trans. Caley, Earle R., and John F. C. Richards. Columbus: Ohio State University, 1956.
Theophrastus. *De Lapidibus*. Ed. and trans. D. E. Eichholz. Oxford: Clarendon Press, 1965.
プリニウス『プリニウスの博物誌 (全3巻)』(中野定雄他訳) 雄山閣　1986年
『聖書　新共同訳』日本聖書協会　1987年
『コーラン』(藤本勝次他訳) 中央公論社　1979年
保坂修司「真珠」『岩波イスラーム辞典』(大塚和夫他編) 岩波書店　2002年
杉田英明「宝石」『岩波イスラーム辞典』(同上)
Al-Beruni. *The Book Most Comprehensive in Knowledge on Precious Stones*. Ed. Hakim Mohammad Said. Islambad: Pakistan Hijra Council, 1989.
『シナ・インド物語』(藤本勝次訳注) 関西大学出版・広報部　1976年
著者不明『中国とインドの諸情報1——第一の書』; アブー・ザイド・アルハサン『中国とインドの諸情報2——第二の書』(どちらも家島彦一訳注) 平凡社　2007年

会編）垂水市教育委員会　2005年
寺師見国「肥後水俣南福寺貝塚」『考古学』10巻７号（1939年７月）（水俣市教育委員会蔵）
愛媛県御荘町文化財保護委員会『伊予平城貝塚』御荘町教育委員会　1972年（愛媛県歴史文化博物館蔵）
高知県編『高知県史――考古編』1968年　高知県
趙汝适撰『諸蕃志』（藤善真澄訳注）関西大学出版部　1991年
江坂輝彌『化石の知識――貝塚の貝』東京美術　1983年
陳寿『正史三国志４――魏書Ⅳ』（今鷹真他訳）筑摩書房　1993年
『魏志倭人伝・後漢書倭人伝・宋書倭国伝・隋書倭国伝　新訂版』（石原道博編訳）岩波書店　1985年
『倭国伝――中国正史に描かれた日本』（藤堂明保他訳注）講談社　2010年
古田武彦『倭人伝を徹底して読む』大阪書籍　1987年
渡邉義浩『魏志倭人伝の謎を解く』中央公論新社　2012年
谷川健一『古代海人の世界』小学館　1995年
『大乗仏典４・５――法華経Ⅰ・Ⅱ』（松濤誠廉他訳）中央公論社　1975～76年
「観無量寿経」『浄土三部経（下）』（中村元他訳注）岩波書店　1964年
『日本書紀』（第一章で既出）
『万葉集（全４巻）』（小島憲之他注訳）小学館　1994～96年
『風土記』（植垣節也注訳）小学館　1997年
『延喜式（上・中）』（虎尾俊哉編）集英社　2000年；2007年
王欽若他編『冊府元亀』香港：中華書局　1960年
奈良県立橿原考古学研究所編『太安萬侶墓』奈良県教育委員会　1981年
和田浩爾他「宝物真珠の材質調査報告」『正倉院年報』14（1992年）
松月清郎「正倉院の真珠穿孔技法」『正倉院年報』（同上）
正倉院事務所編『正倉院宝物　増補改訂（全３巻）』朝日新聞社　1987～89年
正倉院事務所編『正倉院宝物（全10巻）』毎日新聞社　1994～97年
東野治之『遣唐使船』朝日新聞社　1999年
露木宏編著『日本装身具史』美術出版社　2008年
浜本隆志『謎解きアクセサリーが消えた日本史』光文社　2004年
マルコ・ポーロ『完訳 東方見聞録（１・２）』（愛宕松男訳注）平凡社　2000年

第三章　真珠は最高の宝石だった

池ノ上宏『アラビアの真珠採り』イケテック　1987年（ミキモト真珠島蔵）
Donkin. R. A. *Beyond Price: Pearls and Pearl-Fishing*. Philadelphia: American

統計
財務省（大蔵省）『日本貿易年表』;『日本貿易月報』;『外国貿易概況』
農林水産省『漁業・養殖業生産統計年報』

第一章　天然真珠の世界
永井龍男『幸吉八方ころがし』文藝春秋　1986年
松月清郎『真珠の博物誌』（基本文献で既出）
西川藤吉「一個の貝より生ずる真珠の数」『動物学雑誌』19巻220号（1907年２月）
Cervigón, Fernando. *Las Perlas en la Historia de Venezuela.*（第四章参照）
白井祥平『真珠・真珠貝世界図鑑』海洋企画　1994年
正岡哲治・小林敬典「アコヤガイ属の系統および適応放散過程の推定――真珠貝はどこから来てどこへ行くのか」『泳ぐDNA』（猿渡敏郎編著）東海大学出版会　2007年
奥谷喬司他「アコヤガイの学名」『ちりぼたん（日本貝類学会研究連絡誌）』40巻２号（2010年）
奥村好次・柄沢宏明「中新統岩村層群より産した真珠化石」『瑞浪市化石博物館研究報告』21（1994年12月）
Miner, Roy Waldo. "On the Bottom of a South Sea Pearl Lagoon." *The National Geographic Magazine* 74（September, 1938）.
小松博「縄文前期の真珠の鑑別」『鳥浜貝塚６』福井県教育委員会　1987年
『古事記』（山口佳紀他注訳）小学館　1997年
『日本書紀（全３巻）』（小島憲之他注訳）小学館　1994～98年

第二章　古代日本の真珠ミステリー
Masuda, K. et al. *Check list and bibliography of the Tertiary and Quaternary Mollusca of Japan, 1950-1974.* Saito Ho-on Kai, 1976.
甲元眞之編『環東中国海沿岸地域の先史文化（第１～２編、第２編追補、第３～５編）』国立歴史民俗博物館内春成研究室；熊本大学考古学研究室　1998～2000年
熊本大学考古学研究室中島遺跡調査団「中島遺跡発掘調査報告」（上記第５編に収録）
鷹島町教育委員会編『鷹島海底遺跡』鷹島町教育委員会　1992年
福江市教育委員会編『福江・堂崎遺跡』福江市教育委員会　1992年
鹿児島市教育委員会編『草野貝塚』鹿児島市教育委員会　1988年
平田国雄「草野貝塚の貝加工品の素材について」『草野貝塚』（同上）
黒住耐二「貝類遺体からみた柊原貝塚の特徴」『柊原貝塚』（垂水市教育委員

参考文献

（とくに入手が困難と思われる文献については
文献末尾に所蔵機関を掲載した）

真珠の文化史の基本文献

アメリカ自然史博物館およびフィールド博物館企画『「パール」展』図録　国立科学博物館　2005～06年

クリスティン・ジョイス他『真珠五千年の魅惑』（Kila 編集部監修訳）徳間書店　1993年

湯原公浩編『パール・ジュエリー』（別冊太陽）平凡社　2009年

松月清郎『真珠の博物誌』研成社　2002年

杉山二郎他『真珠の文化史』学生社　1990年

森豊『シルクロードの真珠』六興出版　1983年

松井佳一『真珠の事典』北隆館　1965年

ロバート・ウェブスター『宝石学 gems』（砂川一郎監訳）全国宝石学協会　1980年

久米武夫『宝石学』風間書房　1953年

ユベール・バリ『パール――海の宝石』展図録（カタール美術館企画、赤松蔚日本語版監修）（兵庫県立美術館で開催）ブックエンド　2012年

Bari, Hubert, and David Lam. *Pearls*. Milano: Skira, 2009.

Landman, Neil H., et al. *Pearls: a Natural History*. New York: Abrams, 2001.

Kunz, George Frederick, and Charles Hugh Stevenson. *The Book of the Pearl*. 1908. New York: Dover Publications, 1993.

Dickinson, Joan Younger. *The Book of Pearls*. New York: Bonanza Books, 1968.

真珠養殖に関する基本文献

Southgate, Paul C., and John S. Lucas. *The Pearl Oyster*. Oxford: Elsevier, 2008.

真珠新聞社編『真珠産業史』日本真珠振興会　2007年

御木本真珠島編『真珠博物館』（真珠博物館図録）1990年

Cahn, A. R. *Pearl Culture in Japan*（*GHQ Report*）. 1949.（国会図書館蔵）

白井祥平『真珠』講談社　1967年

大島襄二『水産養殖業の地理学的研究』東京大学出版会　1972年

町井昭『真珠物語』裳華房　1995年

小松博他『真珠の知識と販売技術』繊研新聞社　2002年

赤松蔚『カルチャード・パール』真珠新聞社　2003年

和田克彦『真珠をつくる』成山堂書店　2011年

山田篤美（やまだ・あつみ）

歴史研究者・美術史家．京都大学卒業，オハイオ州立大学大学院修士課程修了．博士（文学）（大阪大学）．第36回大同生命地域研究特別賞受賞．専攻，真珠史・宝石史，南米史，イスラーム美術史．

著書『真珠と大航海時代――「海の宝石」の産業とグローバル市場』（山川出版社，2022年）
『黄金郷（エルドラド）伝説――スペインとイギリスの探険帝国主義』（中公新書，2008年）
『ムガル美術の旅』（朝日新聞社，1997年）

論文「『新約聖書』「ヨハネの黙示録」の12種類の宝石――同時代のギリシア語・ラテン語文献からの考察」『宝石学会誌』38（2024年）
「天然真珠の大きさと出現率についての考察――アコヤ真珠の場合」『宝石学会誌』35（2021年）
ほか

真珠《しんじゅ》の世界史《せかいし》
中公新書 *2229*

2013年8月25日初版
2025年9月5日再版

著　者　山田篤美
発行者　安部順一

本文印刷　三晃印刷
カバー印刷　大熊整美堂
製　　本　フォーネット社

発行所　中央公論新社
〒100-8152
東京都千代田区大手町 1-7-1
電話　販売 03-5299-1730
　　　編集 03-5299-1830
URL https://www.chuko.co.jp/

Published by CHUOKORON-SHINSHA, INC.
Printed in Japan　ISBN978-4-12-102229-5 C1222

中公新書刊行のことば

いまからちょうど五世紀まえ、グーテンベルクが近代印刷術を発明したとき、書物の大量生産は潜在的可能性を獲得し、いまからちょうど一世紀まえ、世界のおもな文明国で義務教育制度が採用されたとき、書物の大量需要の潜在性が形成された。この二つの潜在性がはげしく現実化したのが現代である。

いまや、書物によって視野を拡大し、変りゆく世界に豊かに対応しようとする強い要求を私たちは抑えることができない。この要求にこたえる義務を、今日の書物は背負っている。だが、その義務は、たんに専門的知識の通俗化をはかることによって果たされるものでもなく、通俗的好奇心にうったえて、いたずらに発行部数の巨大さを誇ることによって果たされるものでもない。現代を真摯に生きようとする読者に、真に知るに価いする知識だけを選びだして提供すること、これが中公新書の最大の目標である。

私たちは、知識として錯覚しているものによってしばしば動かされ、裏切られる。私たちは、作為によってあたえられた知識のうえに生きることがあまりに多く、ゆるぎない事実を通して思索することがあまりにすくない。中公新書が、その一貫した特色として自らに課すものは、この事実のみの持つ無条件の説得力を発揮させることである。現代にあらたな意味を投げかけるべく待機している過去の歴史的事実もまた、中公新書によって数多く発掘されるであろう。

中公新書は、現代を自らの眼で見つめようとする、逞しい知的な読者の活力となることを欲している。

一九六二年一一月

中公新書

世界史